创新职业教育系列教材

装配体的手工制作

夏端武　郭春香　主编

U0199391

中国林业出版社

图书在版编目(CIP)数据

装配体的手工制作 / 夏端武,郭春香主编. —北京 : 中国林业出版社,2015.11
(创新职业教育系列教材)
ISBN 978 - 7 - 5038 - 8232 - 6

Ⅰ. ①装… Ⅱ. ①夏… ②郭… Ⅲ. ①装配(机械) - 技术培训 - 教材
Ⅳ. ①TH163

中国版本图书馆 CIP 数据核字(2015)第 254667 号

出版:中国林业出版社(100009 北京西城区德胜门内大街刘海胡同 7 号)
E-mail: Lucky70021@ sina. com **电话:** 010 - 83143520
发行:中国林业出版社总发行
印刷:北京中科印刷有限公司
印次:2015 年 12 月第 1 版第 1 次
开本:787mm × 1092mm 1/16
印张:12.5
字数:230 千字
定价:25.00 元

序　言

　　"以就业为导向，以能力为本位"是当今职业教育的办学宗旨。如何让学生学得好、好就业、就好业，首先在课程设计上，就要以社会需要为导向，有所创新。中职教程应当理论精简、并通俗易懂易学，图文对照生动、典型案例真实，突出实用性、技能性，着重锻炼学生的动手能力，实现教学与就业岗位无缝对接。这样一个基于工作过程的学习领域课程，是从具体的工作领域转化而来，是一个理论与实践一体化的综合性学习。通过一个学习领域的学习，学生可完成某一职业的典型工作任务（有用职业行动领域描述），处理典型的"问题情境"；通过若干"工作即学习，学习亦工作"特点的系统化学习领域的学习，学生不仅仅可以获得某一职业的职业资格，更重要的是学以致用。

　　近年来，几位职业教育界泰斗从德国引进的基于工作过程的学习领域课程，又把我们的中职学校的课程建设向前推动了一大步；我们又借助两年来的国家示范校建设契机，有选择地把我们中职学校近年来对基于工作过程学习领域课程的探索进行了系统总结，出版了这套有代表性的校本教材——创新职业教育系列教材。

　　本套教材，除了上述的特点外，还呈现了以下特点：一是以工作任务来确定学习内容，即将每个职业或专业具有代表性的、综合性的工作任务经过整理、提炼，形成课程的学习任务——典型工作任务，它包括了工作各种要素、方法、知识、技能、素养；二是通过工作过程来完成学习，学生在结构完整的工作过程中，通过对它的学习获取职业工作所需的知识、技能、经验、职业素养。

　　这套系列教材，倾注了编写者的心血。两年来，在已有的丰富教学实践积累的基础之上不断研发，在教学实践中，教学效果得到了显著提升。

　　课程建设是常说常新的话题，只有把握好办学宗旨理念，不断地大胆创新，把所实践的教学经验、就业后岗位工作状况不断地总结归纳，必将会不断地创新出更优质的学以致用的好教材，真正地为"大众创业、万众创新"做好基础的教学工作。

沈士军

2015 年岁末

前　言

　　本书在收集、整理相应职业岗位的国家职业标准的基础上，对职业内涵、职业功能特点、职业技能规范、职业技能考核等内容加以分析，编辑成册。可作为职业学校人才培养的方向引领和标准依据。教材内容基于装配钳工岗位，根据解读职业标准和岗位技能规范所得出的教学改革建议，按照从易到难的梯度，研发出具有典型性、指导性的项目，为职业学校专业课教师提供项目课程开发的技术范本和典型课例，起到引领改革、服务实践的作用。

　　本书共上篇和下篇两个部分，上篇机械产品的制作有 7 个项目，项目一制作六角螺母；项目二制作錾口手锤；项目三制作直角样板；项目四制作划规；项目五制作对口夹板；项目六制作鸡心夹头；项目七制作 V 形件。下篇有 4 个项目，项目一相框架制作；项目二偏心机构制作；项目三杠杆机构制作；项目四自行车模型设计与制作。

　　本书以落实科学发展观、培养学生职业能力和综合素质为指导思想，以国家职业标准为基础，以实施课程改革、创新教学模式为着力点，以实际产品为项目，以任务为驱动，采取理论实践一体化、钳工实训与企业生产相结合的编写思路，其中融入大量的职业素质元素，坚持"做中学、做中教、做中评"，努力通过工学结合把学生钳工技能培养落在实处。

　　本书由江苏省宿迁中等专业学校夏端武、郭春香、何霞、陈太慧等教师编写。在编写过程中，参阅了相关的资料和书籍，得到了学校领导及企业技术专家董兰光、王章枫的大力帮助，同时，机电工程系教研室的其他老师也提出了许多宝贵的意见和建议，在此深表感谢。

　　针对现代职业教育改革发展的新课题，需要不断地研究探索才能得到进一步的更新和完善。由于编者水平有限，本书错误和疏漏之处在所难免，恳请读者批评指正。

编　者

目录 CONTENTS

上篇

机械产品的制作

学习情境一　制作六角螺母

项目描述

　　本项目主要学习六角螺母的加工方法，练习锯削、锉削、钻孔、攻螺纹等钳工基本操作技能技巧，学习图样的基本表达方法、零件图的识读，通过学习和训练，能够完成图1-1 六角螺母的制作（实物如图1-2）。本项目计划课时为16 课时。

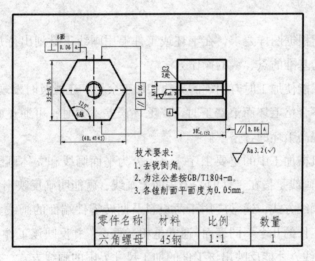

图1-1　六角螺母零件图

图1-2　六角螺母实物图

项目能力目标

1. 能识读六角螺母零件图。
2. 学会使用画线工具，了解画线时的工艺步骤。
3. 了解加工六角螺母的工艺步骤，掌握锉削、锯割、钻削和攻螺纹的技能与技巧。
4. 工、量具使用和保养。
5. 安全文明生产。

学习任务一　画　线

任务描述

画线是指根据图样要求，在毛坯或工件上用画线工具划出待加工部位的轮廓线，或作为基准的点、线的操作方法。

画线不仅能使加工时有明确的界线和加工余量，还能及时发现不合格毛坯，以免因采用不合格毛坯而浪费工时。当毛坯误差不大时，可通过画线借料得到补偿，从而提高毛坯的合格率。

画线是机械加工中的重要工序之一，分为平面画线和立体画线，如图1-3、图1-4。平面画线是指在工件的一个表面上画线，就能明确反映出该工件的加工尺寸界限的画线方式，通常应用于薄板料及回转零件端面的画线。立体画线是指同时要在工件的几个不同表面(通常是相互垂直，并反映该工件三个方向尺寸的表面)上画线，才能反映出该工件的加工尺寸界限的画线方式，适用于支架类零件或箱体。

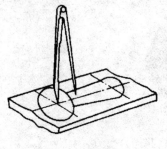

图1-3　面画线

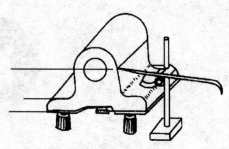

图1-4　立体画线

工序1 平面画线

一、学习目标

1. 掌握画线的基本方法。

2. 熟悉画线工具的使用方法。

3. 了解该图纸的画线步骤，确保画线误差值控制在最小范围内。

4. 通过练习提高学生画线能力及动手能力。

二、工序

在教师指导下完成图1-5的平面画线。

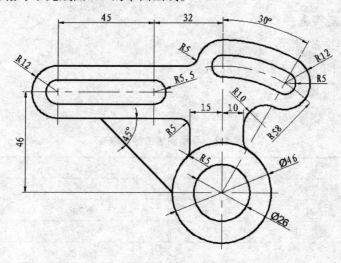

图1-5 平面画线

三、评分标准

平面画线评分标准见表1-1。

表1-1 平面画线评分标准

一、实习规范

序号	检测项目	配分	评分标准	学生自评	小组互评	教师评价
1	工、量具摆放	1				
2	实习态度	2				
3	实习速度	2				
4	安全文明生产	5				

二、操作方法及步骤

序号	检测项目	配分	评分标准	学生自评	小组互评	教师评价
1	线条清晰	20	不符合要求酌情减分			
2	线条均匀	10	不符合要求酌情减分			
3	尺寸误差不大于 0.5mm	30	超差不得分			
4	冲眼大小及均匀性	10	不符合要求酌情减分			
5	冲点落点的分布	10	不符合要求酌情减分			
6	基准选择正确	10	不符合要求酌情减分			

四、任务实施

1. 坯料准备

坯料：240mm×150mm×2mm。

2. 工、量具准备

工、量具准备（见表1-2）。

表1-2　平面画线工量具准备

序号	名称	规格	序号	名称	规格
1	画线平板		5	划针	
2	钢直尺	300mm	6	样冲	
3	划规		7	90°角尺	
4	锤子		8	石灰水	

3. 工艺过程

平面画线工艺过程（见表1-3）。

表1-3　平面画线工艺过程

步骤	加工内容	图示
1	毛坯料检查	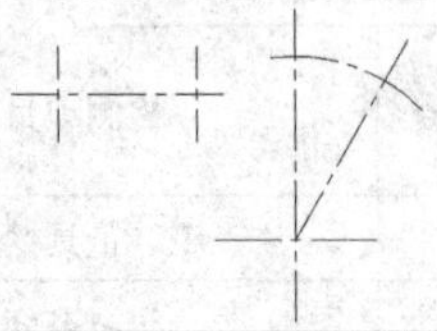
2	准备画线工具，工件表面涂色	
3	用划针划出基准，在中心点上打上样冲眼，并用划规划圆弧 R58，并打上样冲眼。（最短的直线和半圆、圆弧最少在两端和中间分别打1个样冲点）	

续表

步骤	加工内容	图示
4	用划规画圆弧 Φ26、Φ46、R12、R5、R5.5	
5	用划规划圆弧 R70、R63、R53	
6	用钢直尺和画针按图样要求画直线	
7	找出圆心并打样冲眼，用划规画出连接圆弧 R5、R10	
8	核对尺寸，送检	

五、知识链接

（一）钳工安全技术

1. 使用锉刀、手锤等钳工工具前应仔细检查是否牢固可靠，有无损裂，不合格的不准使用。

2. 凿、铲工件清理毛刺时，严禁对着他人工作，要戴好防护镜，防止铁屑飞出伤人。使用手锤时，禁止戴手套。不准用扳手、锉刀等工具代替手锤敲打物件，不准用嘴吹或手摸铁屑，以防伤害眼、手。

3. 用台钳夹持工件时，钳口不允许张得过大（不准超过最大行程的 2/3）。夹持圆工件或精密工件时应用铜垫，防止工件坠落或损伤工件。

4. 钻小工件时，必须用夹具固定，不准用手拿着工件钻孔，使用钻床加工工件时，禁止戴手套操作。

5. 用汽油和挥发性易燃品清洗工件时，周围应严禁烟火及易燃物品，油桶、油盘、回丝要集中堆放处理。

6. 使用扳手紧固螺丝时，应检查扳手和螺丝有无裂纹或损坏，在紧固时，不能用力过猛或用手锤敲打扳手，大扳手需要套管加力时，应注意安全。

7. 使用手提砂轮前，必须仔细检查砂轮片是否有裂纹，防护罩是否完好，电线是否磨损，是否漏电，运转是否良好。用后放置安全可靠处，防止砂轮片接触地面和其他物品。

8. 使用非安全电压的手电钻、手提砂轮时，应戴好绝缘手套，并站在绝缘橡皮垫上。在钻孔或磨削时应保持用力均匀，严禁用手触摸转动的砂轮片和钻头。

9. 使用手锯要防止锯条突然折断，造成割伤事故。使用千斤顶要放平提稳，不顶托易滑部位，以防发生意外事故，多人配合操作要有统一指挥及必要安全措施，协调操作。

10. 使用剪刀剪铁皮时，手要离开刀刃，剪下边角料要集中堆放，及时处理，防止刺戳伤人；带电工件需焊补时，应切断电源。

11. 维修机床设备，应切断电源，并挂好检修标志，以防他人乱动，盲目接电，维修时局部照明用行灯，应使用低压(36V 以下)照明灯。

12. 不得将手伸入已装配完的变速箱，主轴箱内检查齿轮，检查油压设备时禁止敲打。

13. 高空行业(3m 以上)时，必须系好安全带，梯子要有防滑措施。

14. 使用强水、盐酸等腐蚀剂时戴好口罩、防腐手套，并防止腐蚀剂倒翻。操作时要小心谨慎，防止外溅。

15. 设备检修完毕应检查所带工具是否收完，确认无遗留在设备里时，方可启动机床试车。

(二)钳工工作台

钳工工作台也称为钳台，如图1-6，有单人用和多人用两种，一般用木材或钢材做成。

要求平稳、结实，其高度为 800～900mm，长和宽依工作需要而定。

钳口高度恰好齐人手肘为宜，如图1-6b 所示。钳台上必须安装防护网，其抽屉用来放置工、量用具。

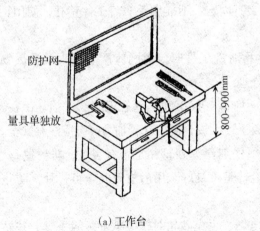

(a) 工作台　　　　　　　　　(b) 虎钳的合适高度

图1-6　钳工工作台

（三）虎钳

虎钳是用来夹持工件（如图 1-7），其规格以钳口的宽度来表示，有 100mm、125mm、150mm 这 3 种。

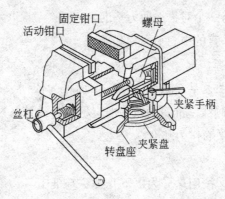

图 1-7　虎钳

虎钳的正确使用和维护方法如下：

（1）虎钳必须正确、牢固地安装在钳台上。

（2）工件的装夹应尽量在虎钳钳口的中部，以使钳口受力均衡，夹紧后的工件应稳固可靠。

（3）只能用手扳紧手柄来夹紧工件，不能用套筒接长手柄加力或用手锤敲击手柄，以防损坏虎钳零件。

（4）不要在活动的钳身表面进行敲打，以免损坏与固定钳身的配合性能。

（5）加工时用力方向最好是朝向固定钳身。

（6）丝杆、螺母要保持清洁，经常加润滑油，以便提高其使用寿命。

六、拓展知识

（一）画线步骤

第一，研究图纸，确定画线基准，详细了解需要画线的部位，这些部位的作用和需求以及有关的加工工艺。第二，初步检查毛坯的误差情况，去除不合格毛坯。第三，工件表面涂色（蓝油）。第四，正确安放工件和选用画线工具。第五，画线。第六，详细检查画线的精度以及线条有无漏划。第七，在线条上打冲眼。

（二）画线基准

1. 基准

在零件的许多点、线、面中，用少数点、线、面能确定其他点、线、面相互位置，这些少数的点、线、面被称为画线基准。基准是确定其他点、线、面位置的依据，画线时都应从基准开始，在零件图中确定其他点、线、面位置的基准为设计基准，零件图的设计基准和画线基准是一致的。1. 画线的基准类型

（1）以两个相互垂直的平面（或线）为基准。

（2）以一个平面与一个对称平面为基准。

（3）以两个相互垂直的中心平面为基准。

2. 画线基准的选择

画线时，应以工件上某一条线或某一个面作为依据来划出其余的尺寸线，这样的线（或面）称为画线基准。画线基准应尽量与设计基准一致，毛坯的基准一般选其轴线或安装平面作为基准。

（三）画线工具

画线的工具很多，按用途分为以下几类：基准工具、量具、直接画线工具以及夹持工具等。

1. 基准工具

画线平台是画线的主要基准工具，如图1-8。其安放时要平稳牢固，上平面要保持水平。平面的各处要均匀使用，不许碰撞或敲击表面，要注意表面的清洁。长期不用时，应涂防锈油防锈，并套保护罩。

2. 量具量具有钢尺、直角尺、游标卡尺、高度游标卡尺等。其中高度游标卡尺能直接测量出高度尺寸，其读数精度和游标卡尺一样，可作为精密画线量具，如图1-9所示。

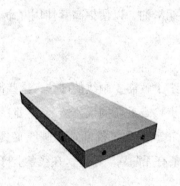

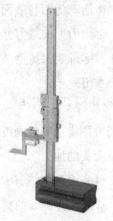

图1-8　画线平台　　　　　　　　　图1-9　高度游标卡尺

3. 直接画线工具

直接画线工具有划针、划规、划卡、划针盘和样冲。

划针是在工件表面画线的工具，如图 1-10 和图 1-11。一般为工具钢或弹簧钢丝制成，尖端磨成 15°～20° 的尖角，并经过热处理，硬度达 HRC55～60。

图 1-10　直划针　　　　　　　　　图 1-11　弯头划针

划针要依靠钢尺或直尺等导线工具移动，并向外侧倾斜 15°～20°，向画线方向倾斜约 45°～75°，见图 1-12。要尽量做到一次划成，以使线条清晰、准确。

划规是划圆或划弧线、等分线段及量取尺寸等操作所使用的工具，如图 1-13 所示。其用法与制图中的圆规相同。

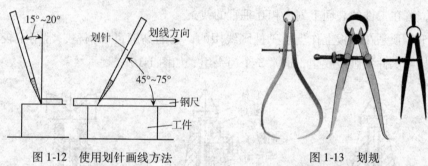

图 1-12　使用划针画线方法　　　　　　图 1-13　划规

划卡也称为单脚划规，用来确定轴和孔的中心位置。先划出 4 条圆弧线，再在圆弧线中冲一样冲点。

划针盘主要用于立体画线和工件位置的校正。用划针盘画线时，应注意划针装夹要牢固，伸出不宜过长，以免抖动。底座要保持与画线平板紧贴，不能摇晃和跳动，如图 1-14。

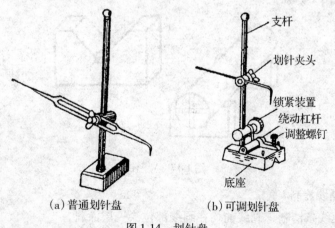

（a）普通划针盘　　　　　　（b）可调划针盘

图 1-14　划针盘

　　样冲是在划好的线上冲眼用的工具，通常用工具钢制成，尖端磨成60°左右，并经过热处理，硬度高达 HRC55～60。

　　冲眼是为了强化显示用划针划出的加工界线；在划圆时，需先冲出圆心的样冲眼，利用样冲眼作圆心，才能划出圆线。样冲眼也可以作为钻孔前的定心。

　　4. 夹持工具

　　夹持工具有方箱、千斤顶、V 形铁等。

　　方箱是用铸铁制成的空心立方体，其 6 个面都经过精加工，相邻的各面相互垂直，如图 1-15 所示。一般用来夹持、支承尺寸较小而加工面较多的工件。通过翻转方箱，可在工件的表面上划出相互垂直的线条。

图 1-15　方箱

　　千斤顶是在平板上作支承工件画线用的，它的高度可以调整，常用于较大或不规则工件的画线找正，通常 3 个为一组，如图 1-16。

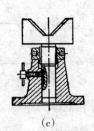

顶杆
圆螺母
锁紧螺母
定向螺母
千斤顶座

(a)　　　　　　　(b)　　　　　　　(c)

图 1-16　千斤顶

　　V 形铁是用于支承圆柱形工件，使工件轴心线与平台平面平行，一般两块为一组，如图 1-17。

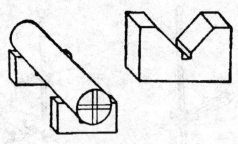

图 1-17　V 形铁

（四）画线涂料

　　为保证线条清晰，画线前均在画线部位涂一层涂料。

1. 石灰水

配料为石灰水加适量牛皮胶水，应用于大、中型铸件和锻件毛坯。

2. 龙胆素

配料为品紫＋漆片＋酒精，应用于已加工的工件表面。

3. 硫酸铜溶液

配料为 100g 水加入 1g 硫酸铜和少许硫酸，应用于形状复杂的工件或已加工的工件表面。

工序 2　圆周六等分

一、学习目标

1. 了解万能分度头的工作原理。
2. 掌握万能分度头的使用方法。
3. 通过练习提高学生画线能力及动手能力。
4. 培养学生竞争意识。

二、工序

在教师指导下完成图 1-18 的平面画线。

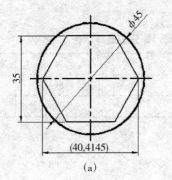

(a)　　　　　　　　　　　　(b)

图 1-18　圆钢端面六等分

三、评分标准

圆周六等分评分标准见表 1-4。

表 1-4　圆周六等分评分标准

一、实习规范

序号	检测项目	配分	评分标准	学生自评	小组互评	教师评价
1	工、量具摆放	1				

续表

序号	检测项目	配分	评分 标准	学生 自评	小组 互评	教师 评价
2	实习态度	2				
3	实习速度	2				
4	安全文明生产	5				

二、操作方法及步骤

序号	检测项目	配分	评分 标准	学生 自评	小组 互评	教师 评价
1	线条清晰	20	不符合要求酌情扣分			
2	线条均匀	15	不符合要求酌情扣分			
3	尺寸误差不大于0.3mm	40	超差全扣			
4	基准选择正确	15	不符合要求全扣			

四、任务实施

1. 坯料准备

坯料：$\Phi 45 \times 31$。

2. 工、量具准备

圆周六等分工、量具准备见表1-5。

表1-5　圆周六等分工量具准备

序号	名称	规格	序号	名称	规格
1	万能分度头	FW125	3	高度游标卡尺	0～200mm
2	画线平板	600×800			

3. 工艺过程

圆周六等分工艺过程见表1-6。

表1-6　圆周六等分工艺过程

步骤	加工内容	图示
1	检查上道工序、审图	
2	在三爪自定心卡盘上装夹工件	
3	调节高度游标卡尺至正确高度	

续表

步骤	加工内容	图示
4	画第一条线	
5	转动手柄，卡盘旋转60°，画第二条线	35 (40,4145)
6	卡盘依次旋转60°，画出其余4条线	
7	核对尺寸，送检	

五、知识链接

（一）认识分度头

1. 万能分度头

万能分度头是安装在铣床上用于将工件分成任意等份的机床附件。利用分度刻度环和游标，定位销和分度盘以及交换齿轮，将装卡在顶尖间或卡盘上的工件分成任意角度，可将圆周分成任意等分，辅助机床利用各种不同形状的刀具进行各种沟槽、正齿轮、螺旋正齿轮、阿基米德螺线凸轮等的加工工作。万能分度头还备有圆工作台，工件可直接紧固在工作台上，也可利用装在工作台上的夹具紧固，完成工件多方位加工。

分度头是一种较准确等分角度的工具（图1-19），在钳工画线中常用它对工件进行分度画线。规格指顶尖中心到地面的高度。

图1-19　万能分度头

2. FW125 型万能分度头

FW125 型万能分度头备有 3 块分度盘，供分度时选用，每块分度盘有 8 个圈孔，空数分别为：

第一块：16、24、30、36、41、47、57、59；

第二块：23、25、28、33、39、43、51、61；

第三块：22、27、29、31、37、49、53、63；

3. 简单分度法

原理：当手柄转过一周，分度头主轴便转过 1/40 周。如果要对主轴上装夹的工件作 z 等分，即每次分度时主轴应转过 1/z 周，则手柄每次分度时应转的转数为：

$$n = 40/z$$

4. 分度时的注意事项

（1）为了保证分度准确，分度手柄每次必须按同一方向移动。

（2）当分度手柄将预定孔数时，注意不要让它转过了头，定位销要刚好插入孔中。如果发现已转过了头，则必须反向转过半圈左右后再重新转到预定的孔位。

（3）在使用分度头时，每次分度前必须松开分度头侧面的主轴紧固手柄，分度头主轴才能自由转动。分度完毕后仍要紧固主轴，以防主轴在画线过程中松动。

（二）分度头画线注意事项

使用万能分度头画线时的操作注意事项：

（1）画线过程中，两件装夹要可靠。

（2）画线工具不要置于画线平台边缘，以免工具碰落伤脚。

（3）画线工具应正确使用。

（4）要注意分度头的保养，不用时应用油擦拭。

六、拓展知识

1. 平行线的画法

（1）用钢直尺或钢直尺与划规配合画平行线。画已知直线的平行线时，用钢直尺或划规按两线距离在不同两处的同侧画一短直线或弧线，再用钢直尺将两直线相连，或作两弧线的切线，即得平行线。

（2）用单脚规划平行线。用单脚规的一脚靠住工件已知直边，在工件直边的两端以相同距离用另一脚各画一短线，再用钢直尺连接两短线即成。

（3）用钢直尺与90°角尺配合画平行线。用钢直尺与90°角尺配合画平行线时，为防止钢直尺松动，常用夹头夹住钢直尺。当钢直尺与工件表面能较好地贴合时，可不用夹头。

（4）用画线盘或高度游标尺划平行线。若工件可垂直放在画线平台上，可用画线盘或高度游标尺度量尺寸后，沿平台移动，划出平行线。

2. 垂直线的画法

（1）用90°角尺画垂直线。将90°角尺的一边对准或紧靠工件已知边，划针沿尺的另一边垂直画出的线即为所需垂直线。

（2）用画线盘或高度游标尺划垂直线。先将工件和已知直线调整到垂直位置，再用画线盘或高度游标尺画出已知直线的垂直线。

（3）几何作图法画垂直线。根据几何图知识画垂直线。

3. 圆弧线画法

划圆弧线前要先画中心线，确定中心点，在中心点打样冲眼，然后用划规以一定的半径画圆弧。

画圆弧前求圆心的方法有以下两种：

（1）用单脚规求圆心。将单脚规两脚尖的距离调到大于或等于圆的半径，然后把划规的一只脚靠在工件侧面，用左手大拇指按住，划规另一脚在圆心附近画一小段圆弧。画出一段圆弧后再转动工件，每转1/4周就依次画出一段圆弧。当画出第四段后，就可在四段弧的包围圈内由目测确定圆心位置。

（2）用画线盘求圆心。把工件放在V形架上，将划针尖调到略高或略低于工件圆心的高度。左手按住工件，右手移动画线盘，使划针在工件端面上划出一短划。再依次转动工件，每转过1/4周，便画一短线，共划出4根短线，再在这个"#"形线内目测出圆心位置。

在掌握了以上画线的基本方法及画线工具的使用方法后，结合几何作图知识，可以画出各种平面图形，如画圆的内接或外切正多边形、圆弧连接等。

工序3　六角体画线

一、学习目标

1. 掌握画线的基本方法。

2. 通过练习，提高学生六角体画线能力。

3. 掌握高度游标卡尺读数方法。

4. 培养学生动手能力及小组协作意识。

二、工序

在教师指导下完成图 1-20 的六角体画线。

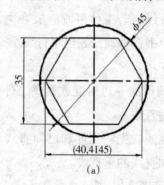 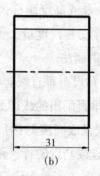

(a)   (b)

图 1-20 六角体画线

三、评分标准

六角体画线评分标准见表 1-7。

表 1-7 六角体画线评分标准

一、实习规范

序号	检测项目	配分	评分标准	学生自评	小组互评	教师评价
1	工、量具摆放	1				
2	实习态度	2				
3	实习速度	2				
4	安全文明生产	5				

二、操作方法及步骤

序号	检测项目	配分	评分标准	学生自评	小组互评	教师评价
1	线条清晰	20	不符合要求酌情减分			
2	线条均匀	15	不符合要求酌情减分			
3	尺寸误差不大于 0.3mm	30	超差不得分			
4	基准选择正确	15	不符合要求不得分			
5	冲眼落点均匀	10	不符合要求酌情减分			

四、任务实施

1. 坯料准备

坯料：$\Phi45 \times 31$，1 块/人。

2. 工、量具准备

六角体画线工、量具准备见表1-8。

表1-8　六角体画线工、量具准备

序号	名称	规格	序号	名称	规格
1	画线平板		6	锤子	
2	划针		7	钢直尺	150mm
3	靠铁		8	高度游标卡尺	0～200mm
4	样冲		9	毛刷	
5	V形铁				

3. 工艺过程

六角体画线工艺过程见表1-9。

表1-9　六角体画线工艺过程

步骤	加工内容
1	检查来料尺寸、形状
2	在工件毛坯上涂画线涂料
3	找正中心位置，划出中心线，并记下高度游标卡尺的尺寸数值
4	按图样六边形对边距离调整高度游标卡尺，划出与中心线平行的六边形两对边线
5	将工件转60°，参照步骤3、4划出六边形另两对边线
6	参照步骤5，完成六边形的另两对边线
7	检查并按照所画线条均匀打上样冲眼
8	核对尺寸，送检

五、知识链接

游标卡尺使用方法及注意事项：

根据被测工件的特点、尺寸大小和精度要求选用合适的类型、测量范围和分度值。

测量前应将游标卡尺擦干净，并将两量爪合并，检查游标卡尺的精度状况；大规格的游标卡尺要用标准棒校准检查。

测量时，被测工件与游标卡尺要对正，测量位置要准确，两量爪与被测工件表面接触松紧合适。

读数时，要正对游标刻线，看准对齐的刻线，正确读数，不能斜视，以减少读数误差。

用单面游标卡尺测量内尺寸时，测得尺寸应为卡尺上的读数加上两量爪宽度尺寸。

严禁在毛坯面、运动工件或温度较高的工件上进行测量，以防损伤量具精度和影响测量精度。

六、拓展知识

(一)在工件上画线的操作步骤

第一，看清图样，了解需要画线的位置，了解相关加工工艺。

第二，选定画线基准，将毛坯涂色。

第三，正确选用画线工具。

第四，在已画好的线条上打样冲眼。

(二)画线基准的确定

平面画线时，通常要选择两个相互垂直的画线基准，而立体画线时，通常要确定 3 个相互垂直的画线基准。

画线基准一般有以下 3 种类型：

(1)以两个相互垂直的平面或直线为基准。该零件有相互垂直两个方向的尺寸。可以看出，每一方向的尺寸大多是依据它们的外缘线确定的(个别的尺寸除外)。此时，就可把这两条边线分别确定为这两个方向的画线基准。

(2)以一个平面或直线和一个对称平面或直线为基准。该零件高度方向的尺寸是以底面为依据而确定的，底面就可作为高度方向的画线基准；宽度方向的尺寸对称于中心线，故中心线就可作为宽度方向的画线基准。

(3)以两个互相垂直的中心平面或直线为基准。该零件两个方向的许多尺寸分别与其中心线具有对称性，其他尺寸也从中心线起始标注。此时，就可把这两条中心线分别确定为这两个方向的画线基准。

一个工件有很多线条要画，究竟从哪一根线开始，常要遵守从基准开始的原则，即使设计基准和画线基准重合，否则将会使画线误差增大，尺寸换算麻烦，有时甚至使画线产生困难，工作效率降低。正确选择画线基准，可以提高画线的质量和效率，并相应提高毛坯合格率。

当工件上有已加工面(平面或孔)时，应该以已加工面作为画线基准。若毛坯上没有已加工面，首次画线应选择最主要的(或大的)不加工面为画线基准(称为粗基准)，但该基准只能使用一次，在下一次画线时，必须用已加工面作为画线基准。

学习任务二 六角体加工

任务描述

平面加工是钳工加工中最常见的，六角体平面加工更是机械加工过程中经常遇到的简单形体加工，也是加工六角体螺母的必要过程，通过学习与训练完成图1-21六角体加工。

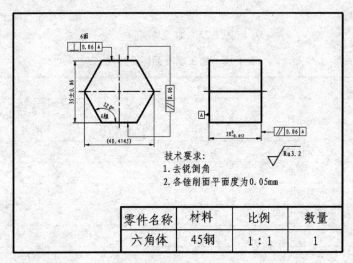

图1-21 六角体

工序1 加工基准面

一、学习目标

1. 掌握基准面概念。

2. 掌握平面锉削时的站立姿势和动作。

3. 懂得锉削时两手用力的方法。

4. 懂得正确锉削速度。

二、工序

在教师指导下完成图1-22的基准面加工。

三、评分标准

加工基准面评分标准见表1-10。

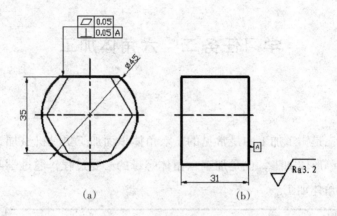

图 1-22 加工基准面

表 1-10 加工基准面评分标准

一、实习规范

序号	检测项目	配分	评分标准	学生自评	小组互评	教师评价
1	工、量具摆放	1				
2	实习态度	2				
3	实习速度	2				
4	安全文明生产	5				

二、操作方法及步骤

序号	检测项目	配分	评分标准	学生自评	小组互评	教师评价
1	40 ± 0.05 mm	10	每超差 0.01 扣 2 分			
2	平面度 0.05mm	25	超差不得分			
3	垂直度 0.05mm	5	超差不得分			
4	量具正确使用	10	违规酌情减分			
5	工、量具摆放正确	10	违规酌情减分			
6	锉削姿势正确	15	违规酌情减分			
7	表面粗糙度 Ra3.2mm	15	超差全扣			

四、任务实施

1. 坯料准备

坯料：上道工序完成的工件。

2. 工、量具准备

加工基准面工、量具准备见表 1-11。

表 1-11 加工基准面工量具准备

序号	名称	规格	序号	名称	规格
1	画线平板		8	万能分度头	FW125
2	台虎钳	150mm	9	锯弓	
3	毛刷		10	锯条	
4	平板锉（粗）	250mm	11	锉刀刷	
5	平板锉（中）	200mm	12	刀口形直尺	125mm
6	平板锉（细）	150mm	13	铜皮	
7	高度游标卡尺	0～200mm	14	90°角尺	

3. 工艺过程

加工基准面工艺过程见表 1-12。

表 1-12 加工基准面工艺过程

步骤	加工内容	图示
1	来料检查	
2	锯割圆柱面并保证锉削加工余量	
3	粗、精锉加工基准端面A和圆柱面出制度、平面度达到0.05mm，表面粗糙度Ra的二限值为3μm	
4	核对尺寸，送检	

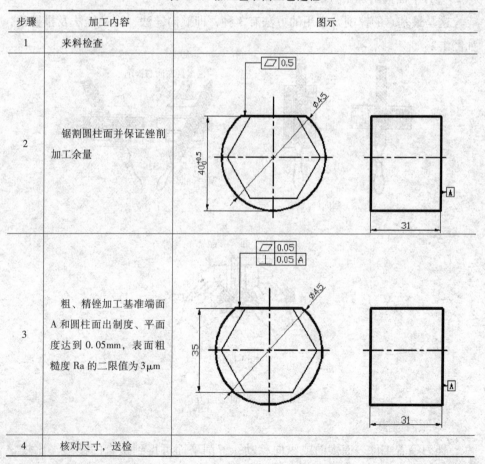

五、知识链接

(一)基准面的概念

基准面是加工面的测量基准,应尽可能保证该面的加工质量,平面度是质量的关键。基准面平面度误差将反映到其后加工的面上。因此,基准面应该是工件上各面中质量最好的。

(二)基准面的测量

锉削工件时,由于锉削平面较小,其平面度通常都采用刀口直尺透光法检查。检查时,刀口形直尺应垂直放在工件的表面上,并沿加工面的纵向、横向、对角方向多处逐一进行,以确定各方向的直线度误差。如果刀口形直尺与工件平面间透光微弱而均匀,说明该方向是直的;如果透光强弱不一,说明该方向不直。

(三)平面锉削加工方法

这是最基本的锉削,常用的方法有 3 种,即顺向锉法、交叉锉法及推锉法,如图 1-23 所示。

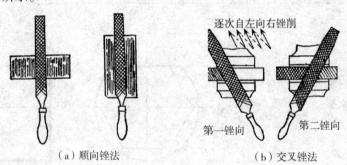

（a）顺向锉法　　　　　　　（b）交叉锉法

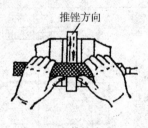

（c）推锉法

图 1-23　平面锉削方法

1. 顺向锉法

锉刀沿着工件表面横向或纵向移动,锉削平面可得到正直的锉痕,比较整齐美观。适用于锉削小平面和最后修光工件。

2. 交叉锉法

是以交叉的两方向顺序对工件进行锉削。由于锉痕是交叉的，容易判断锉削表面的不平程度，因此也容易把表面锉平。交叉锉法去屑较快，适用于平面的粗锉。

3. 推锉法

两手对称地握住锉刀，用两大拇指推锉刀进行锉削。这种方法适用于较窄表面且已经锉平、加工余量很小的情况下，来修正尺寸和减小表面粗糙度。

（四）锉削操作要点及注意事项

1. 操作时要把注意力集中在两方面

（1）操作姿势、动作要正确。

（2）两手用力方向、大小变化正确、熟练。要经常检查加工面的平面度和直线度情况，来判断和改进锉削时的施力变化，逐步掌握平面锉削的技能。

2. 锉削操作时应注意事项

（1）不准使用无柄锉刀锉削，以免被锉舌戳伤手。

（2）不准用嘴吹锉屑，以防锉屑飞入眼中。

（3）锉削时，锉刀柄不要碰撞工件，以免锉刀柄脱落伤人。

（4）放置锉刀时不要把锉刀露出钳台外面，以防锉刀落下砸伤操作者。

（5）锉削时不可用手摸被锉过的工件表面，因手有油污会使锉削时锉刀打滑而造成事故。

（6）锉刀齿面塞积切屑后，用钢丝刷顺着锉纹方向刷去锉屑。

六、拓展知识

（一）锉削工具

锉刀是锉削的主要工具，常用碳素工具钢 T12、T13 制成，并经热处理淬硬至 HRC62~67。它由锉刀面、锉刀边、锉刀舌、锉刀尾、木柄等部分组成。

（二）锉刀的种类

按用途来分，锉刀可分为普通锉、特种锉和整形锉（什锦锉）3 类。普通锉按其截面形状可分为平锉、方锉、圆锉、半圆锉及三角锉 5 种。

按其长度可分为 100mm、150mm、200mm、250mm、300mm、350mm 及 400mm 等 7 种。

按其齿纹可分单齿纹、双齿纹。按其齿纹粗细可分为粗齿、中齿、细齿、粗油光（双细齿）、细油光 5 种，如图 1-24 所示。

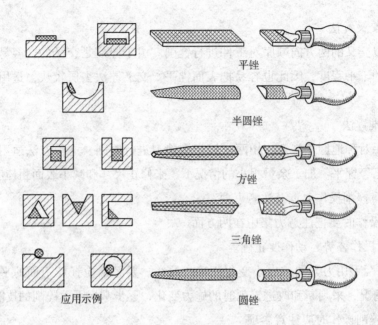

图 1-24　锉刀种类

工序 2　六角体加工

一、学习目标

1. 掌握万能角度尺的使用方法。
2. 懂得正确锉削速度及锉削时两手用力的方法。
3. 掌握六角体的锉削方法。

二、工序

在教师指导下完成图 1-25 六角体的加工。

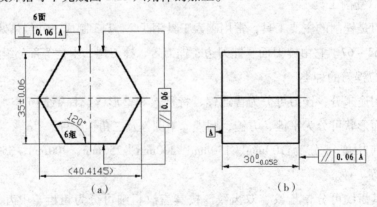

图 1-25　六角体加工

三、评分标准

六角体加工评分标准见表1-13。

表1-13 六角体加工评分标准

一、实习规范

序号	检测项目	配分	评分标准	学生自评	小组互评	教师评价
1	工、量具摆放	1				
2	实习态度	2				
3	实习速度	2				
4	安全文明生产	5				

二、操作方法及步骤

序号	检测项目	配分	评分标准	学生自评	小组互评	教师评价
1	35 ± 0.06mm(3处)	15	1处超差扣5分			
2	$30_{-0.052}^{0}$mm	4	超差不得分			
3	角度120°(6处)	12	1处超差扣2分			
4	平行度0.06mm(3处)	9	1处超差扣3分			
5	相对于A面得平行度0.06mm	4	超差不得分			
6	相对于A面得垂直度0.06mm(6处)	12	1处超差扣2分			
7	Ra3.2μm(8处)	8	1处超差扣1分			
8	锉削面平面度0.05mm	16	1处超差扣2分			
9	操作姿势规范正确	10	1次扣2分			

四、任务实施

1. 坯料准备

坯料：上道工序完成的工件。

2. 工、量具准备

六角体加工工、量具准备见表1-14。

表1-14 六角体加工工、量具准备

序号	名称	规格	序号	名称	规格
1	画线平板		8	万能分度头	FW125
2	台虎钳	150mm	9	锯弓	
3	毛刷		10	锯条	
4	平板锉(粗)	250mm	11	锉刀刷	
5	平板锉(中)	200mm	12	刀口形直尺	125mm
6	平板锉(细)	150mm	13	铜皮	
7	高度游标卡尺	0~200	14	90°角尺	

3. 工艺过程

六角体加工工艺过程见表 1-15。

表 1-15　六角体加工工艺过程

步骤	加工内容	图示
1	来料检查	
2	粗、精锉 A 面对面使其达到平面度 0.05mm，尺寸要求 $30_{-0.052}^{\ 0}$ mm，表面粗糙度 Ra3.2μm	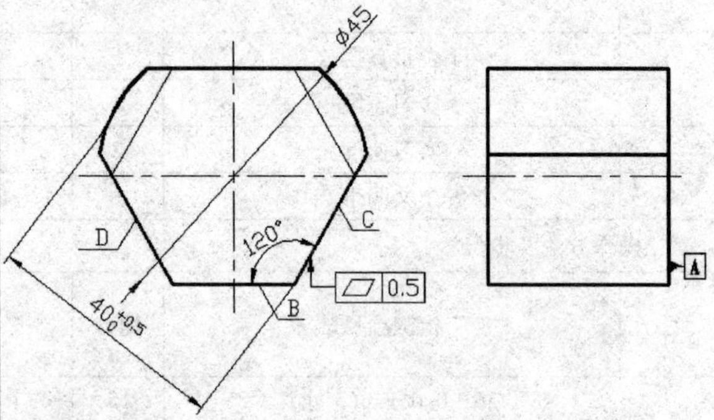
3	锯削圆柱面的平行面 B 面，保证加工面留有 0.5mm 锉削余量	
4	锉削 B 面，保证加工表面平面度 0.05mm，垂直度 0.06mm，尺寸精度 35±0.06mm 及表面粗糙度 Ra3.2μm	
5	锯削 B 面邻面 C 面、D 面，保证加工表面留有 0.5mm 锉削余量	
6	锉削 C 面、D 面，保证加工表面平面度 0.05mm，垂直度 0.06mm，尺寸精度 35±0.06mm，角度 120° 及表面粗糙度 Ra3.2μm	
7	锯削 B 面对面相邻两面，保证加工表面留有 0.5mm 锉削余量	

续表

步骤	加工内容	图示
8	锉削 B 面对面相邻两面，保证加工表面平面度 0.05mm，垂直度 0.06mm，平行度 0.06mm，尺寸精度 35 ± 0.06mm，角度 120°，各加工表面的表面粗糙度 Ra3.2μm	
9	倒角、去毛刺、自查、送检	

五、知识链接——万能角度尺

1. 结构

万能角度尺用于测量工件内、外角度值，其测量精度有 2′ 和 5′ 两种，测量范围为 0°~320°，其结构如图，主要由尺身（或叫主尺）、扇形板、扇形游标、支架、直角尺、直尺、基尺、制动器等组成，如图 1-26 所示。

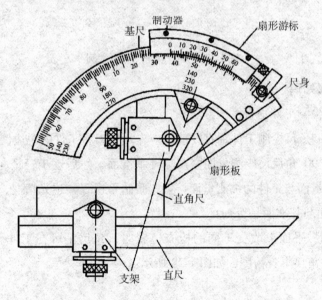

图 1-26 万能角度尺

2. 刻度原理

主尺尺身上刻线每格为 1°，游标上的刻线共有 30 格，平分尺身的 29°，则游标刻线每格为 29°/30，主尺尺身与游标每格的差值为 2′，即万能角度尺的测量精度为 2′。

3. 读数方法

万能角度尺的读数方法同游标卡尺相似，先读数游标上零线以左的整度数，再从游标上读出第 n 条刻线（游标零线除外）与尺身刻线对齐，则角度值的小数部分为（n×2′），将两次数值相加，即为实际角度值。

4. 测量方法

测量时应该先校对零位，将角尺、直尺、主尺组装在一起，且角尺的底边及基尺均与直尺无间隙接触，此时主尺与游标的"0"线对准。调整好零位后，通过改变基尺、角尺、直尺的相互位置，可测量 0°～320° 范围内的任意角度。用万能角度尺测量工件时，应根据所测角度范围组合量尺，如图 1-27 所示。

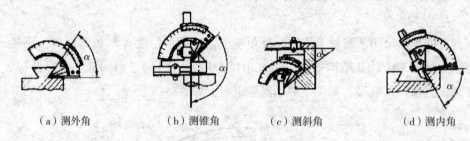

（a）测外角　　　（b）测锥角　　　（c）测斜角　　　（d）测内角

图 1-27　万能角度尺应用举例

六、拓展知识

90°角尺检测工件垂直度的方法。

（1）用 90°角尺检测工件垂直度前，应先用锉刀将工件的锐边倒棱。

（2）先将 90°角尺尺座测量面紧贴工件基准面，然后逐步轻轻向下移动，使 90°角尺的测量面与工件的被测量面接触，眼睛平视观察透光情况，以此来判断工件的被测面与基准面是否垂直。

（3）在同一平面上改变不同的检查位置时，角尺不可在工件表面上拖动，以免影响 90°角尺本身精度，如图 1-28 所示。

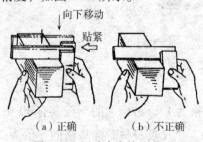

（a）正确　　　　（b）不正确

图 1-28　万垂直度检测方法

学习任务三　孔加工、螺纹加工

任务描述

本任务涉及画线、钻孔、攻螺纹等多项钳工工艺。加工任务是根据图 1-28 零件图，要求在六角体的中心上钻孔、攻螺纹。

一、学习目标

1. 掌握孔加工、螺纹加工工具使用方法及维护。

2. 掌握攻螺纹、套螺纹的操作方法。

3. 通过完成零件图的加工，提高学生分析问题和解决问题的能力。

二、工序

在教师指导下完成图 1-29 六角螺母的加工。

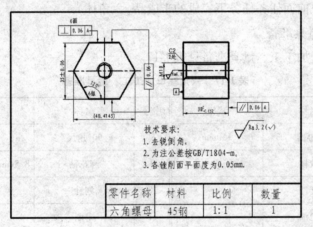

图 1-29　六角螺母

三、评分标准

六角螺母加工评分标准见表 1-16。

表 1-16　六角螺母加工评分标准

一、实习规范

序号	检测项目	配分	评分标准	学生自评	小组互评	教师评价
1	工、量具摆放	1				
2	实习态度	2				
3	实习速度	2				

续表

序号	检测项目	配分	评分 标准	学生 自评	小组 互评	教师 评价
4	安全文明生产	5				

二、操作方法及步骤

序号	检测项目	配分	评分 标准	学生 自评	小组 互评	教师 评价
1	螺纹孔在工件上的位置	40	不符合要求酌情扣分			
2	倒角(2 处)	10	不符合要求酌情扣分			
3	操作姿势正确、规范	20	不符合要求酌情扣分			
4	设备维护	20	不符合要求酌情扣分			

四、任务实施

1. 坯料准备

坯料：取前面任务任务下完成的半成品(六角体)。

2. 工、量具准备

六角螺母加工工、量具准备见表 1-17。

表 1-17 六角螺母加工工、量具准备

序号	名称	规格	序号	名称	规格
1	台虎钳	150mm	8	90°角尺	
2	铰杠		9	麻花钻	8.5mm、8.8mm、12mm
3	样冲		10	划针	
4	机油		11	毛刷	
5	锤子		12	钢直尺	150mm
6	铜皮		13	丝锥	M10
7	台钻		14	画线平板	

3. 工艺过程

六角螺母加工工艺过程见表 1-18。

表 1-18 六角螺母加工工艺过程

步骤	加工内容	图示
1	来料检查	

步骤	加工内容	图示
2	按钻孔位置及尺寸要求划出孔的十字中心线，并在中心打上样冲眼	
3	先使用钻头对准中心孔的样冲眼钻出一个浅坑，检查位置是否正确，使浅坑与画线圆同轴	
4	按钻孔的位置要求，钻出 $\phi 8.5$ 的通孔，用 12 钻头倒角	
5	尽量把丝锥放正，再对丝锥施压并转动铰杠，同时检查丝锥的位置和方向	
6	每转 1~2 圈，再轻轻回转半圈，便于断屑和排屑，攻丝过程中对丝锥加注机油	
7	自检，送检	

五、知识链接

（一）钻孔工具

1. 钻床

常用的钻床有台式钻床、立式钻床、摇臂钻床 3 种。手电钻也是常用钻孔工具，如图 1-30 所示。

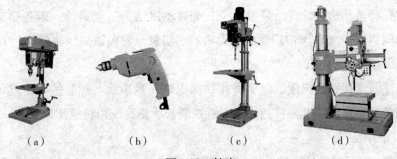

（a）　　　（b）　　　（c）　　　（d）

图 1-30　钻床

2. 钻头

钻头是钻孔用的主要刀具，用高速钢制造，工作部分热处理淬硬至 HRC62 ~65。它由柄部、颈部及工作部分组成，如图所示 1-31 所示。

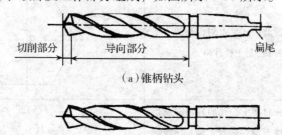

（a）锥柄钻头

（b）直柄钻头

图 1-31　钻头

（二）钻孔方法

1. 切削用量的选择

钻孔切削用量是指钻头的切削速度、进给量和切削深度的总称。切削用量越大，单位时间内切除量越多，生产效率越高。但切削用量受到钻床功率、钻头强度、钻头耐用度、工件精度等许多因素的限制，不能任意提高。

2. 钻孔时选择切削用量的基本原则

在允许范围内，尽量先选较大的进给量，当进给量受孔表面粗糙度和钻头刚度的限制时，再考虑较大的切削速度。

3. 按画线位置钻孔

工件上的孔径圆和检查圆均需打上样冲眼作为加工界线，中心眼应打大一些。钻孔时先用钻头在孔的中心锪一小窝（占孔径的 1/4 左右），检查小窝与所划圆是否同心。如稍偏离，可用样冲将中心冲大矫正或移动工件借正。若偏离较多，便可逐渐将偏斜部分矫正过来。

4. 钻通孔

在孔将被钻透时，进给量要减少，变自动进给为手动进给，避免钻头在钻穿的瞬间抖动，出现"啃刀"现象，影响加工质量，损坏钻头，甚至发生事故。

5. 钻盲孔（不通孔）

要注意掌握钻孔深度，以免将孔钻深出现质量事故。控制钻孔深度的方法有：调整好钻床上深度标尺挡块；安置控制长度量具或用粉笔作标记。

6. 钻深孔

直径（D）超过30mm的孔应分两次钻。第一次用（0.5~0.7）D 的钻头先钻，然后再用所需直径的钻头将孔扩大到所要求的直径。分两次钻削,既有利于钻头的使用(负荷分担),也有利于提高钻孔质量。

7. 钻削时的冷却润滑

钻削钢件时,为降低粗糙度多使用机油作冷却润滑液(切削液);为提高生产效率则多使用乳化液。钻削铝件时,多用乳化液、煤油;钻削铸铁件则用煤油。

(三)攻螺纹工具

1. 丝锥、铰杠

丝锥的结构如图1-32所示,分为切削部分和校准部分。手用丝锥一般分为头锥和二锥。它们的外径、中径和内径均相等,只是切削部分的长短和锥角不同。

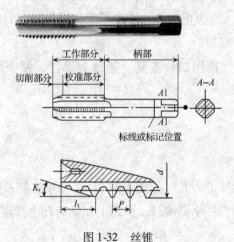

图1-32 丝锥

铰杠是用来夹持丝锥的工具,如图1-33所示。常用的是可调式铰杠,旋动右边手柄,即可调节方孔的大小,以便夹持不同尺寸的丝锥。铰杠长度应根据丝锥尺寸大小进行选择,以便控制攻螺纹时的施力(扭矩),防止丝锥因施力不当而折断。

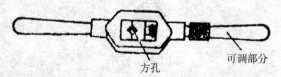

图1-33 铰杠

2. 攻螺纹的操作步骤

（1）钻孔。攻螺纹前要先钻孔。在攻丝过程中，丝锥牙齿对材料既有切削作用也有一定的挤压作用，所以一般钻头直径 D 略大于螺纹的内径。攻丝时刻根据以下公式计算：

钢件和塑性材料时 $\quad D = d - P$

铸铁及脆性材料时 $\quad D = d - 1.1P$

式中：d——螺纹外径；P——螺距。

（2）攻螺纹。先钻底孔并倒角，方便丝锥切入。头攻时，将丝锥垂直放入孔内，右手握住铰杠中间，适当施加压力，左手则握住手柄沿顺时针方向转动，待转入 1~2 圈时，再用直角尺校准垂直度，确认垂直后继续转动，直至切削部分切入工件后，改用两手平稳转动铰杠，不需施加压力。

（3）深入螺纹时，为防止切屑过长和烂牙，操作时，每转动 1~2 圈时，轻轻的倒转半圈，便于断屑。

（4）头攻结束后，换用二攻重复一遍以上操作，便于去除螺纹内的削渣，让螺纹更清晰。

六、拓展知识

套螺纹的工具

1. 板牙

板牙是加工外螺纹的刀具，如图 1-34 所示，由合金工具钢 9SiCr 制成并经热处理淬硬。其外形像一个圆螺母，只是上面钻有几个排屑孔，并形成刀刃。

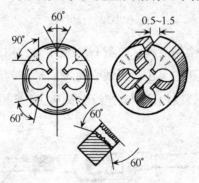

图 1-34　板牙

板牙由切削部分、定径部分、排屑孔（一般有 3~4 个）组成。排屑孔的两端有 60°的锥度，起着主要的切削作用。定径部分起修光作用。板牙的外圆有一条深槽和 4 个锥坑，锥坑用于定位和紧固板牙，当板牙的定径部分磨损后，可用片状砂轮沿槽将板牙切割开，借助调紧螺钉将板牙直径缩小。

2. 板牙架

板牙是装在板牙架上使用的，如图 1-35 所示。

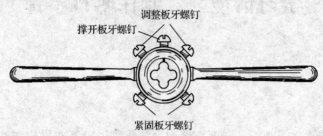

图 1-35　板牙架

板牙架是用来夹持板牙、传递扭矩的工具。工具厂根据板牙外径规格制造了各种配套的板牙架，供选用。

37

学习情境二 制作錾口手锤

项目描述

本项目主要学习画线、锯削、锉削、钻孔等钳工基本操作方法，熟悉钳工常用工、量具的测量及使用方法，练习画线、锯削、锉削、钻孔等操作技能。通过本项目的学习和训练能够完成图 2-1 錾口手锤的制作。本项目计划为 14 课时。

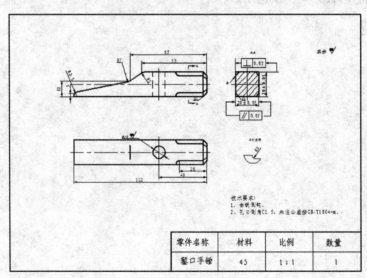

图 2-1 錾口手锤

项目能力目标

1. 能够编写简单的钳工加工工艺。

2. 初步掌握零件加工工艺及检测的能力。

3. 熟练掌握画线、锯削、锉削、钻孔等基本加工工具的使用及保养。

4. 掌握内外圆弧面的加工方法，达到连接圆滑、位置正确等要求。

5. 做到安全文明操作。

学习任务一 方体加工

任务描述

本任务主要描述学习画线、锯削、锉削和应用量具进行测量的方法，练习画线、锯削、锉削和基本测量技能。通过本任务的学习和训练，能够完成图2-2所示的长方体加工。

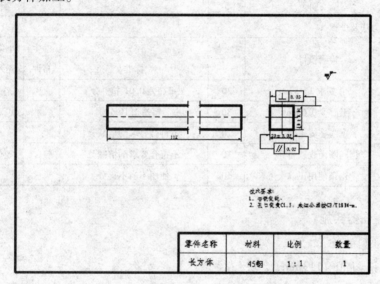

图 2-2 长方体

工序1 锯削平面

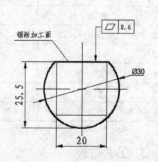

一、学习目标

1. 掌握锯削加工工具的使用方法。

2. 掌握基本测量技能。

3. 通过练习提高学生动手能力。

二、工序

在教师指导下完成图2-3所示的平面锯削。

图 2-3 锯削平面

三、评分标准

锯削平面评分标准见表 2-1。

表 2-1　锯削平面评分标准

一、实习规范

序号	检测项目	配分	评分标准	学生自评	小组互评	教师评价
1	工、量具摆放	1				
2	实习态度	2				
3	实习速度	2				
4	安全文明生产	5				

二、操作方法及步骤

序号	检测项目	配分	评分标准	学生自评	小组互评	教师评价
1	尺寸要求 25.5mm	20	每超差 0.01 扣 1 分			
2	平面度 0.6mm	30	超差扣 10 分			
3	锯削姿势正确	20	不符合要求酌情减分			
4	锯削断面纹理整齐	10	不符合要求酌情减分			
5	锯条使用正确	10	使用不当不得分			

四、任务实施

1. 坯料准备

坯料：$\Phi 30 \times 113$mm，2 块/人。

2. 工、量具准备

锯削平面工、量具准备见表 2-2。

表 2-2　锯削平面工、量具准备

序号	名称	规格	序号	名称	规格
1	画线平板		7	毛刷	
2	钢直尺	150mm	8	锯条	
3	V 形铁		9	划针	
4	锤子		10	高度游标卡尺	0～200mm
5	台虎钳	150mm	11	样冲	
6	锯弓		12		

3. 工艺过程

锯削平面工艺过程见表 2-3。

表2-3　锯削平面工艺过程

步骤	加工内容	图示
1	毛坯料检查、熟读图纸	
2	将毛坯放置在 V 形架上，用高度游标卡尺划出高度为 h 的第一加工面加工线，并打上样冲眼	
3	锯削第一个平面，保证加工表面平面度 0.6mm，并控制尺寸，留有加工余量	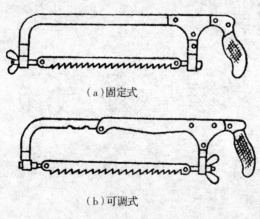
4	去毛刺	
5	送检	

五、知识链接

锯削是用手锯对材料或工件进行分割的一种切削加工。其工作范围包括：分割各种材料或半成品；锯掉工件上多余的部分。

1. 锯削工具

锯削加工时所用的工具为手锯，它主要由锯弓和锯条组成。

锯弓用来安装并张紧锯条，分为固定式和可调式。固定式锯弓只能安装一锯条，而可调锯弓通过调节安装距离，可以安装几种长度规格的锯条，如图 2-4 所示。

（a）固定式

（b）可调式

图 2-4　锯弓

2. 锯削操作

（1）工件的装夹。工件应夹在虎钳的左边，以便于操作；同时工件伸出钳口的部分不要太长，以免在锯削时引起工件的抖动；工件夹持应该牢固，防止工件松动或使锯条折断。

（2）锯条的安装。安装锯条时松紧要适当，过松或过紧都容易使锯条在锯削时折断。因手锯是向前推时进行切削，而在向后返回时不起切削作用，因此安装锯条时一定要保证齿尖的方向朝前。

（3）起锯

①起锯是锯削工作的开始，起锯的好坏直接影响锯削质量。

②起锯的方式有远边起锯和近边起锯两种，

③一般情况下采用远边起锯，因为此时锯齿是逐步切入材料，不易被卡住，起锯比较方便。

④采用近边起锯，若掌握不好时，锯齿突然锯入较深，容易被工件棱边卡住，甚至崩断或崩齿。

⑤无论采用哪一种起锯方法，起锯角 α 以 15°为宜。如果起锯角太大，则锯齿易被工件棱边卡住；如果起锯角太小，则不易切入材料，锯条还可能打滑，把工件表面锯坏。

⑥为了使起锯的位置准确和平稳，可用左手大拇指挡住锯条来定位。起锯时压力要小，往返行程要短，速度要慢，这样可使起锯平稳，如图 2-5 所示。

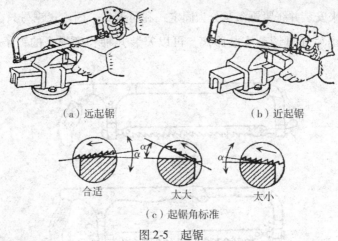

（a）远起锯　　　　　　　　（b）近起锯

合适　　　　　太大　　　　　太小

（c）起锯角标准

图 2-5　起锯

六、拓展知识

（一）棒料的锯割

对锯出的断面要求比较平整的，应从开始连续锯到结束，中途不转动方向。

对锯出的断面要求不高的，锯削时可转动几次方向，棒料转过一定角度再锯，锯削面变小更容易锯入，可提高工作效率。

（二）管子的锯割

锯削管子的时候，首先要正确装夹好管子。对于薄壁管子和精加工过的管件，应夹在有 V 型槽的木垫之间，防止管件夹扁或表面夹坏。锯削时一般不要在一个方向上，从开始连续锯到结束，因为锯齿容易卡在壁管内绷断，尤其是锯割薄壁管时更容易产生这种现象。

（三）深缝的锯割

当锯割的深度到达锯弓的高度时，为了防止锯弓与工件相碰，应把锯条转过90°安装后再锯。由于钳口的高度受限，工件应逐渐调整装夹位置，使锯割部位处于钳口附近，而不是在过高或过低的部位锯削。

（四）薄板料的锯割

锯削薄板料时，应尽可能从宽的面上锯下去，这样锯齿不易被钩住；也可以将薄板料夹在两块木板之间，连木板一起锯下，这样既可以避免锯齿被钩住，也提高了板料的刚度。

（五）锯条损坏的原因

锯条损坏原因见表2-4。

表2-4　锯条损坏原因

损坏形式	原因	措施
锯齿崩断	1. 锯条的粗细选择不当 2. 起锯方法不正确	1. 根据工件材质选择锯条 2. 起锯角度要小，尽量采用远起锯
锯条折断	1. 锯条安装不当 2. 工件装夹不正确 3. 强行矫正歪斜的锯缝 4. 新换的锯条在旧锯缝中受卡	1. 锯条松紧要适当 2. 工件装夹要牢固，伸出端尽量短 3. 锯缝要逐步矫正 4. 要较轻较慢的过渡，待锯缝变宽后再正常锯割
锯齿过早磨损	1. 锯削速度太快 2. 锯削硬材料时未冷却、润滑	1. 锯削速度要适当 2. 锯削时应根据材质，加切削液或机油

工序2 锉削平面

一、学习目标

1. 掌握锯削加工工具的使用方法。

2. 掌握基本测量技能。

3. 通过练习提高学生锉削平面能力及动手能力。

二、工序

在教师指导下完成图2-6所示的锉削平面。

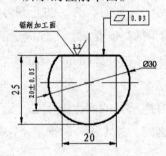

图2-6 锉削平面

三、评分标准

锉削平面评分标准见表2-5。

表2-5 锉削平面评分标准

一、实习规范

序号	检测项目	配分	评分标准	学生自评	小组互评	教师评价
1	工、量具摆放	1				
2	实习态度	2				
3	实习速度	2				
4	安全文明生产	5				

二、操作方法及步骤

序号	检测项目	配分	评分标准	学生自评	小组互评	教师评价
1	尺寸要求25mm	20	每超出0.01扣5分			
2	平面度0.03mm	25	超差不得分			
3	量具的使用正确	15	不符合要求酌情减分			
4	锉削姿势正确	15	不符合要求酌情减分			
5	表面粗糙度Ra3.2μm	15	超差不得分			

四、任务实施

1. 坯料准备

坯料：上道工序完成工件。

2. 工、量具准备

锯削平面工、量具准备见表 2-6。

表 2-6　锯削平面工、量具准备

序号	名称	规格	序号	名称	规格
1	台虎钳	150mm	5	平板锉（粗）	250mm
2	平板锉（细）	150mm	6	刀口形直尺	125mm
3	毛刷		7	平板锉（中）	200mm
4	锉刀刷		8	铜皮	

3. 工艺过程

锉削平面工艺过程见表 2-7。

表 2-7　锉削平面工艺过程

步骤	加工内容	图示
1	检查上道工序、审图	
2	锉削加工面，保证尺寸 25mm，加工表面平面度 0.03mm，表面粗糙度 Ra3.2μm	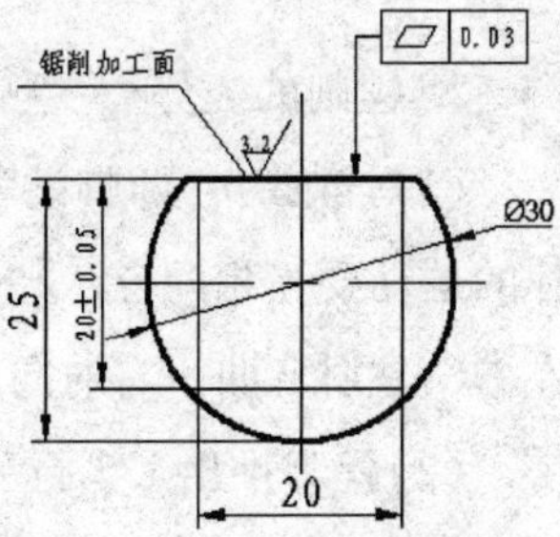
3	去毛刺，送检	

五、知识链接

锉削操作方法

1. 锉刀的握法

（1）大锉刀的握法。右手心抵着锉刀木柄的端头，大拇指放在锉刀木柄的上面，其余四指弯在下面，配合大拇指捏住锉刀木柄。左手则根据锉刀大小和用力的轻重，有多种姿势，如图 2-7 所示。

（2）中锉刀的握法。右手握法与大锉刀握法相同，左手用大拇指和食指捏住锉刀前端。

（3）小锉刀的握法。右手食指伸直，拇指放在锉刀木柄上面，食指靠在锉刀的刀边，左手几个手指压在锉刀中部。

（4）更小锉刀（什锦锉）的握法。一般只用右手拿着锉刀，食指放在锉刀上面，拇指放在锉刀的左侧。

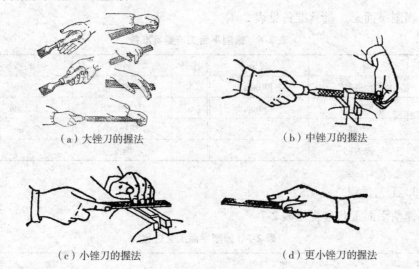

（a）大锉刀的握法   （b）中锉刀的握法

（c）小锉刀的握法   （d）更小锉刀的握法

图 2-7   锉刀握法

2. 锉削的姿势

（1）锉削时，两脚站稳不动，靠左膝的屈伸使身体做往复运动，手臂和身体的运动要互相配合，并使锉刀的全长充分利用。开始锉削时身体要向前倾10°左右，左肘弯曲，右肘向后（图2-8a）。

（2）锉刀推出 1/3 行程时，身体向前倾斜15°左右（图2-8b），这时左腿稍弯曲，左肘稍直，右臂向前推。

（3）锉刀推到2/3 行程时身体逐渐倾斜到 18°左右（图2-8c）。

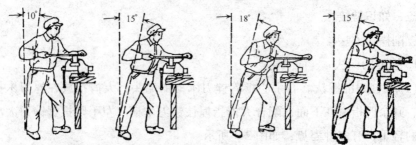

（a）开始锉削   （b）锉刀推出1/3的行程 （c）锉刀推出2/3的行程 （d）锉刀行程推尽时

图 2-8   锉削姿势

（4）左腿继续弯曲，左肘渐直，右臂向前使锉刀继续推进，直到推尽，身体随着锉刀的反作用退回到15°位置（图2-8d）。行程结束后，把锉刀略微抬起，使身体与手恢复到开始时的姿势，如此反复。

六、拓展知识

（一）平面不平的形式和原因

平面不平的形式和原因见表2-8。

表2-8　平面不平的形式和原因

形式	产生原因
平面中凸	1. 锉削时双手的用力不能使锉刀保持平衡 2. 锉刀在开始推出时，右手压力太大，锉刀被压下；锉刀推向前面时，左手压力太大，锉刀被压下，形成前、后多锉 3. 锉削姿势不正确 4. 锉刀本身中凹
对角扭曲或塌角	1. 左手或右手施加压力时重心偏向锉刀的一侧 2. 工件未夹正 3. 锉刀本身扭曲
平面横向中凸或中凹	锉刀在锉削时左右移动不均匀

（二）两锉削平面不平行的形式和原因

两锉削平面不平行的形式和原因见表2-9。

表2-9　两锉削平面不平行的形式和原因

形式	产生原因
平面中凸	1. 锉削平面双手用力不能使锉刀保持平衡，出现平面不平，中间凸 2. 锉削姿势不正确 3. 锉刀本身中凹
两平面对角扭曲或两头明显不平行	1. 左手或右手施加压力时重心偏向锉刀的一侧 2. 工件装夹不紧，装夹时出现倾斜 3. 工件装夹不紧，在锉削时工件移动

工序3　长方体加工

一、学习目标

1. 掌握并提高平面锉削技能。

2. 掌握常见测量工具的使用方法。

3. 巩固画线方法。

4. 掌握零件图的识读能力。

二、工序

在教师指导下完成图 2-9 长方体的加工。

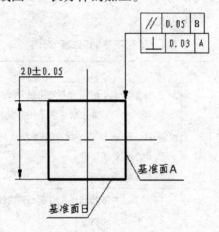

图 2-9　长方体加工

三、评分标准

长方体加工评分标准见表 2-10。

表 2-10　长方体加工评分准

一、实习规范

序号	检测项目	配分	评分标准	学生自评	小组互评	教师评价
1	工、量具摆放	1				
2	实习态度	2				
3	实习速度	2				
4	安全文明生产	5				

二、操作方法及步骤

序号	检测项目	配分	评分标准	学生自评	小组互评	教师评价
1	20 ± 0.05mm	24	每超差 0.01 扣 4 分			
2	表面粗糙度 Ra3.2μm	20	一处超差扣 2 分			
3	平行度 0.05mm	18	每超差 0.01 扣 3 分			
4	垂直度 0.03mm	18	每超差 0.01 扣 6 分			
5	姿势正确	10	不符合要求酌情减分			

四、任务实施

1. 坯料准备

坯料：上道工序完成工件。

2. 工、量具准备

长方体加工工、量具准备见表 2-11。

表 2-11　长方体加工工、量具准备

序号	名称	规格	序号	名称	规格
1	画线平板		11	锤子	
2	靠铁		12	千分尺	0~25mm
3	台虎钳	150mm	13	高度游标卡尺	0~200mm
4	V形架		14	游标卡尺	0~120mm
5	锉刀刷		15	刀口形直尺	125mm
6	毛刷		16	平板锉（粗）	250mm
7	划针		17	平板锉（中）	200mm
8	样冲		18	平板锉（细）	150mm
9	锯弓		19	90°角尺	
10	锯条				

3. 工艺过程

长方体加工工艺过程表 2-12。

表 2-12　长方体加工工艺过程

步骤	加工内容	图示
1	检查上道工序、审图	
2	将工件放在画线平板上，并以第一个加工平面作为基准面 A，靠在 V 形架，用高度游标卡尺划第二加工面 B 的加工线，打样冲眼	
3	锯削第二加工面，保证垂直度 0.4mm	
4	锉削加工面 B，保证垂直度 0.05mm	
5	分别以 A，B 平面作为基准，放置在画线平板上，用高度游标卡尺划出第三、第四加工平面的加工线，并打样冲眼	

续表

步骤	加工内容	图示
6	锯削第三个平面，保证留有0.5mm切削余量	
7	锉削第三个平面，保证精度要求	
8	锯削第四个平面，保证留有0.5mm切削余量。锉削第四个平面，保证精度要求	
9	去毛刺，检测	

五、知识链接

（一）游标卡尺使用注意事项

（1）根据被测工件的特点、尺寸大小和精度要求选用合适的类型、测量范围和分度值。

（2）测量前应将游标卡尺擦干净，并将两量爪合并，检查游标卡尺的精度状况；大规格的游标卡尺要用标准棒校准检查。

（3）测量时，被测工件与游标卡尺要对正，测量位置要准确，两量爪与被测工件表面接触松紧适宜。

（4）读数时，要正对游标刻线，看准对齐的刻线，正确读数；不能斜视，以减少读数误差。

（5）用单面游标卡尺测量内尺寸时，测得尺寸应为卡尺上的读数加上两量爪宽度尺寸。

（6）严禁在毛坯面、运动工件或温度较高的工件上进行测量，以防损伤量具精度和影响测量精度。

（二）游标卡尺测量方法

游标卡尺测量方法见图2-10。

   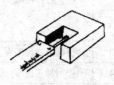

（a）测外径　　　　（b）测内径　　　　（c）测中心距　　　　（d）测深度

图2-10　游标卡尺测量方法

1. 测量外尺寸

测量外尺寸时，外量爪应张开到略大于被测尺寸，以固定量爪贴住工件，用轻微压力把活动量爪推向工件，卡尺测量面的连线应垂直于被测量表面，不能偏斜(如图 2-10a)。

2. 测量内尺寸

测量内尺寸时，内量爪开度应略小于被测尺寸。测量时两量爪应在孔的直径上，不得倾斜(如图 2-10b)。

3. 测量中心距

(1)边心距 L1 的测量。先测量 D_1 孔径，再测量 D_1 孔壁到基准 A 的距离 H，计算得 $L_1 = H + D_1/2$(如图 2-10c)。

(2)中心距 L_2 的测量：先测量 D_1、D_2 孔径，再用内量爪测量两孔壁之间的远端距离 M，计算得 $L_2 = M - (D_1 + D_2)/2$。或者用外量爪测量两孔壁之间的近端距离 N，计算得 $L_2 = N + (D_1 + D_2)/2$(如图 2-10c)。

4. 测量深度

测量孔深或高度时，应使深度尺的测量面紧贴孔底，游标卡尺的端面与被测件的表面接触，且深度尺要垂直，不可倾斜(如图 2-10d)。

六、拓展知识(略)

学习任务二　斜面、圆弧面加工

任务描述

本任务主要描述学习圆弧画线、锯削、锉削和应用量具进行测量的方法，练习画线、锯削、锉削和基本测量技能。通过本任务的学习和训练，能够完成本图 2-11 所示的手锤加工。

工序 1　锯削斜面、倒角

一、学习目标

1. 掌握并巩固锉削的技巧。

2. 掌握常见测量工具的测量方法及保养方法。

3. 提高零件图的识读能力。

4. 安全文明生产。

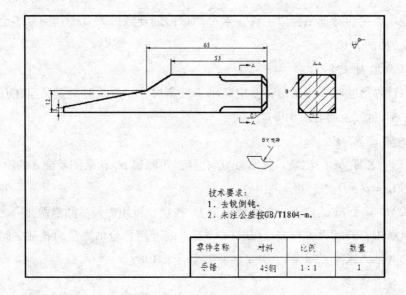

图 2-11　锉削斜面、倒角

二、工序

在教师指导下完成图 2-12 手锤的斜面锯削及倒角。

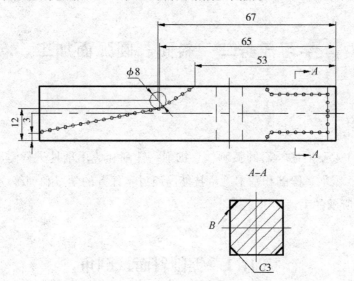

图 2-12　锉削斜面、倒角

三、评分标准

锉削斜面、倒角评分标准见表 2-13。

表 2-13 锉削斜面、倒角评分标准

一、实习规范

序号	检测项目	配分	评分标准	学生自评	小组互评	教师评价
1	工、量具摆放	1				
2	实习态度	2				
3	实习速度	2				
4	安全文明生产	5				

二、操作方法及步骤

序号	检测项目	配分	评分标准	学生自评	小组互评	教师评价
1	尺寸要求 65mm	15	超差不得分			
2	尺寸要求 53mm	15	超差不得分			
3	尺寸要求 12mm	15	超差不得分			
4	尺寸要求 3mm	15	超差不得分			
5	表面粗糙度 Ra3.2μm	20	超差扣 10 分			
6	姿势正确	10	不符合要求酌情减分			

四、任务实施

1. 坯料准备

坯料：上道工序完成工件。

2. 工、量具准备

锉削斜面、倒角的工、量具准备见表 2-14。

表 2-14 锉削斜面、倒角的工、量具准备

序号	名称	规格	序号	名称	规格
1	画线平板		11	锤子	
2	靠铁		12	90°角尺	
3	台虎钳	150mm	13	千分尺	0~25mm
4	V 形架		14	高度游标卡尺	0~200mm
5	锉刀刷		15	游标卡尺	0~120mm
6	毛刷		16	钢直尺	150mm
7	划针		17	平板锉（粗）	250mm
8	样冲		18	平板锉（中）	200mm
9	锯弓		19	平板锉（细）	150mm
10	锯条		20	麻花钻	Φ8

3. 工艺过程

锉削斜面、倒角工艺过程见表 2-15。

表 2-15 锉削斜面、倒角工艺过程

步骤	加工内容	图示
1	检查上道工序、审图	
2	计算出坐标值，用高度游标卡尺划出坐标点，划倒角线，用划针、钢直尺完成斜面画线，并打上样冲点	
3	钻 Φ8 的工艺孔	
4	锉削加工面 B，保证垂直度 0.05mm	
5	锯削斜面，留 0.5mm 的锉削余量	
6	锉削斜面，保证平面度及其尺寸要求	
7	锉 C3 倒角，保证尺寸要求	
8	去毛刺	
9	检测	

五、知识链接

（一）锯削的姿势

锯削时的站立姿势与錾削相似，人体重量均分在两腿上。右手握稳锯柄，左手扶在锯弓前端，锯削时推力和压力主要由右手控制，如图 2-13 所示。

推锯时锯弓运动方式有两种：一种是直线运动，适用于锯缝底面要求平直的槽和薄壁工件的锯削；另一种是锯弓做上、下摆动，这样操作两手不易疲劳。手锯在回程中因不进行切削，故不施加压力，以免锯齿磨损。

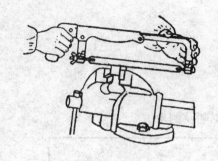

图 2-13 锯削姿势

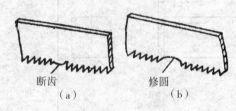

断齿 修圆
（a） （b）

图 2-14 圆弧

在锯削过程中锯齿崩落后，应将邻近几个齿都磨成圆弧，才可继续使用，否则会连续崩齿直至锯条报废，如图 2-14。

（二）锯削操作时的注意事项

（1）锯条要装得松紧适当，锯削时不要突然用力过猛，防止工件中锯条折断从锯弓上崩出伤人。

（2）工件夹持要牢固，以免工件松动、锯缝歪斜、锯条折断。

（3）要经常注意锯缝的平直情况，如发现歪斜应及时纠正。歪斜过多纠正困难时，则不能保证锯削的质量。

（4）工件将锯断时压力要小，避免压力过大使工件突然断开，手向前冲造成事故。一般工件将锯断时要用左手扶住工件断开部分，以免落下伤脚。

（5）在锯削钢件时，可加些机油，以减少锯条与工件的摩擦，提高锯条的使用寿命。

六、拓展知识

（一）锯齿崩裂和折断的原因

（1）锯条安装的过紧或过松。

（2）工件装夹不正确。

（3）锯缝歪斜过多、强行借正。

（4）压力太大，速度太快。

（5）锯削过程中左右晃动扭折断裂。

（6）新换锯条在旧锯条中被卡而折断。

（二）锯条的更换

更换锯条时，由于旧锯条锯路已磨损，使锯缝变窄，容易卡住锯条，这时不要急于按下锯条，应先用新锯条把锯缝加宽，再正常锯削。

工序 2 圆弧面加工

一、学习目标

1. 掌握并提高锉削圆弧面的技巧。

2. 学会正确选用锉刀。

3. 学会量具的使用和保养方法。

4. 培养零件图的识读能力。

二、工序

在教师指导下完成图 2-15 手锤的斜面锯削及倒角。

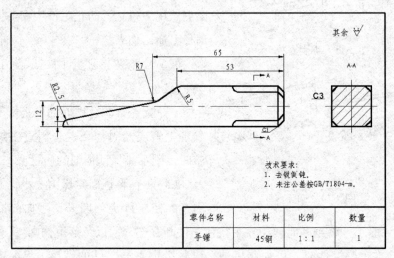

图 2-15　锉圆弧面

三、评分标准

锉削斜面、倒角评分标准见表 2-16。

表 2-16　锉削斜面、倒角评分标准

一、实习规范

序号	检测项目	配分	评分标准	学生自评	小组互评	教师评价
1	工、量具摆放	1				
2	实习态度	2				
3	实习速度	2				
4	安全文明生产	5				

二、操作方法及步骤

序号	检测项目	配分	评分标准	学生自评	小组互评	教师评价
1	圆弧 R5，R2.5，R7	40	每超差一处扣10分			
2	表面粗糙度 Ra3.2μm	30	每超差一处扣10分			
3	姿势正确	20	不符合要求酌情减分			

四、任务实施

1. 坯料准备

坯料：上道工序完成工件。

2. 工、量具准备

锉圆弧面工、量具准备见表2-17。

表 2-17　锉圆弧面工、量具准备

序号	名称	规格	序号	名称	规格
1	台虎钳	150mm	8	划针	
2	样冲		9	锉刀刷	
3	毛刷		10	锤子	
4	R 规		11	划规	
5	平板锉（粗）	250mm	12	平板锉（中）	200mm
6	平板锉（细）	150mm	13	90°角尺	
7	高度游标卡尺	0～200mm	14		

3. 工艺过程

锉圆弧面工艺过程见表2-18。

表 2-18　锉圆弧面工艺过程

步骤	加工内容	图示
1	检查上道工序、审图	
2	计算出坐标值，用高度游标卡尺划出坐标点，用划规划出圆弧	
3	锉外圆弧 R5，R2.5	
4	锉内圆弧 R7	
5	去毛刺	
6	检测	

五、知识链接

(一)R 规

用来测量工件半径或圆度的量具，如图2-16。

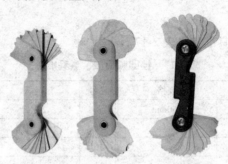

图2-16　六角螺母零件图

(二)圆弧面(曲面)的锉削

1. 外圆弧面锉削

锉刀要同时完成两个运动：锉刀的前推运动和绕圆弧面中心的转动。前推是完成锉削，转动是保证锉出圆弧形状。常用的外圆弧面锉削方法有两种：滚锉法、横锉法，如图2-17。

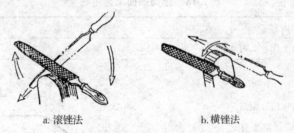

a.滚锉法　　　　　　　b.横锉法

图2-17　外圆弧面锉削

(1)滚锉法是使锉刀顺着圆弧面锉削，此法用于精锉外圆弧面。

(2)横锉法是使锉刀横着圆弧面锉削，此法用于粗锉外圆弧面或不能用滚锉法的情况下。

2. 内圆弧面锉削

锉刀要同时完成3个运动：锉刀的前推运动、锉刀的左右移动和锉刀自身的转动，如图2-18所示。

六、拓展知识

锉削质量检查

1. 检查直线度

用钢尺和直角尺以透光法来检查。

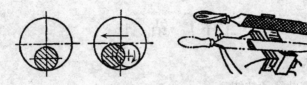

图 2-18　内圆弧面锉削

2. 检查垂直度

用直角尺采用透光法检查。应先选择基准面，然后对其他各面进行检查。

3. 检查尺寸

用游标卡尺在全长不同的位置上测量几次。

4. 检查表面粗糙度

一般用眼睛观察即可。如要求准确，可用表面粗糙度样板对照检查。

学习任务三　钻孔

任务描述

本项目主要学习钻头的选择，钻床的操作方法，练习刃磨钻头和钻孔的技能。通过本任务的学习和训练，能够完成如图 2-19 錾口手锤的制作。

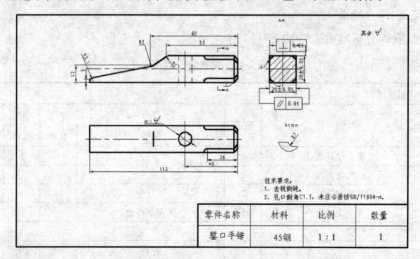

图 2-19　錾口手锤

工序 1 钻 孔

一、学习目标

1. 巩固和提高钻孔的技能。

2. 掌握常见测量工具的测量方法。

3. 掌握零件图的识读技巧。

4. 安全文明操作。

二、工序

在教师指导下完成图 2-20 手锤的斜面锯削及倒角。

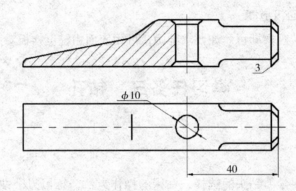

图 2-20 钻孔

三、评分标准

钻孔评分标准见表 2-19。

表 2-19 钻孔评分标准

一、实习规范						
序号	检测项目	配分	评分标准	学生自评	小组互评	教师评价
1	工、量具摆放	1				
2	实习态度	2				
3	实习速度	2				
4	安全文明生产	5	违者不得分			
二、操作方法及步骤						
序号	检测项目	配分	评分标准	学生自评	小组互评	教师评价
1	工件安装正确	10	不符合要求酌情减分			
2	麻花钻安装正确	10	不符合要求酌情减分			

序号	检测项目	配分	评分 标准	学生 自评	小组 互评	教师 评价
3	转速选择正确	10	不符合要求酌情减分			
4	起钻和钻孔正确	10	不符合要求酌情减分			
5	尺寸达到要求	20	每超差一处扣5分			
6	孔径达到要求	20	超差不得分			
7	表面粗糙度 Ra6.3μm	10	超差扣5分			

四、任务实施

1. 坯料准备

坯料：上道工序完成工件。

2. 工、量具准备

钻孔工、量具准备见表2-20。

表2-20　钻孔工、量具准备

序号	名称	规格	序号	名称	规格
1	画线平板		9	钢直尺	150mm
2	靠铁		10	平口钳	
3	台虎钳	150mm	11	麻花钻	Φ10
4	划规		12	游标卡尺	0~120mm
5	锤子		13	麻花钻	Φ12
6	麻花钻	Φ3	14	样冲	
7	划针		15	高度游标卡尺	0~200mm
8	刀口形直尺	125mm	16	台式钻床	

3. 工艺过程

钻孔工艺过程见表2-21。

表2-21　钻孔工艺过程

步骤	加工内容	图示
1	检查上道工序、审图	
2	用高度游标卡尺划出坐标点，用划规划出圆，打样冲眼	 112　　40

续表

步骤	加工内容	图示
3	用 φ3 麻花钻定位,再用 φ10 麻花钻钻孔	
4	φ12 麻花钻倒角	
5	去毛刺	
6	检测	

五、知识链接

(一)钻削用量的选择

1. 切削速度

直接用较大的钻头钻孔时,主轴转速较低。用小直径的钻头钻孔时,主轴转速较高,但进给量较小。转床转速公式为 $n = 1000v/\pi d$。

2. 钻削用量的选择

在钻孔时选择切削用量的基本原则:在允许范围内,尽量先选较大的进给量,当进给量受孔表面粗糙度和钻头刚度的限制时,再考虑较大的切削速度。

3. 钻孔时,选择转速和进给量的方法

用小钻头钻孔时,转速可快些,进给量要小些;用大钻头钻孔时,转速要慢些,进给量适当大些。钻硬材料时,转速要慢些,进给量要小些;钻软材料时,转速要快些,进给量要大些。用小钻头钻硬材料时可以适当地减慢速度。

钻孔时手进给的压力是根据钻头的工作情况,以目测和感觉进行控制,在实习中应注意掌握。

(二)切削时的切削液

1. 切削液的种类

(1)乳化液。主要用于钢、铜、铝合金等材料的钻削。

(2)切削油。主要用于减小被加工表面的粗糙度值或减少积屑瘤的产生。

2. 切削液的选择

切削液的选择标准见表 2-22。

表 2-22 切削液的选择标准

工件材料	切削液的种类
各类结构钢	3%～5% 的乳化液，7% 硫化的乳化液
不锈钢、耐热铜	3% 肥皂加 2% 亚麻油水溶液；硫化切削油
紫铜、黄铜、青铜	不用或用 5%～8% 乳化液
铸铁	不用或用 5%～8% 乳化液；煤油
铝合金	不用或用 5%～8% 乳化液；煤油；油与菜油混合物
有机玻璃	不用或用 5%～8% 乳化液；煤油

六、拓展知识

（一）千分尺的结构

千分尺是测量中最常用的精密量具之一，如图 2-21。按照用途不同可分为外径千分尺、内径千分尺、深度千分尺、内测千分尺和螺纹千分尺。千分尺的测量精度为 0.01mm。

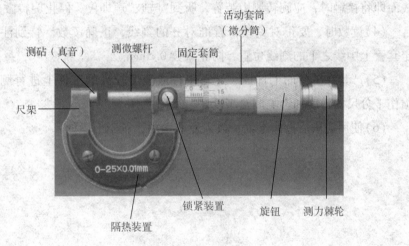

图 2-21 千分尺结构

（二）千分尺的读数方法

先读出固定套管上的毫米整数及半毫米数。再看微分筒上与固定套管的基准线对齐的刻线，读出不足半毫米的小数部分。最后将两次读数相加，即为工件的测量尺寸，如图 2-22 所示。

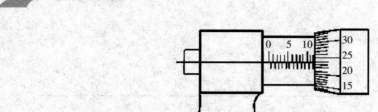

图 2-22　千分尺的读数方法

（三）千分尺的使用方法及注意事项

（1）根据被测工件的特点、尺寸大小和精度要求选用合适的类型、测量范围和分度值。一般测量范围为 25mm。如要测量 20 ± 0.03 mm 的尺寸，可选用 0～25mm 的千分尺。

（2）测量前，先将千分尺的两测头擦拭干净再进行零位校对。

（3）测量时，被测工件与千分尺要对正，以保证测量位置准确。使用千分尺时，先调节微分筒，使其开度稍大于所测尺寸，测量时可先转动微分筒，当测微螺杆即将接触工件表面时，再转动棘轮，测砧、测微螺杆端面与被测工件表面即将接触时，应旋转测力装置，听到"吱吱"声即停，停止旋转微分筒。

（4）读数时，要正对刻线，看准对齐的刻线，正确读数。特别注意观察固定套管上中线之下的刻线位置，防止误读 0.5mm。

（5）严禁在工件的毛坯面、运动工件或温度较高的工件上进行测量，以防损伤千分尺的精度和影响测量精度。

（6）使用完毕后擦净上油，放入专业盒内，置于干燥处。

学习情境三　制作直角样板

项目描述

在项目中以角度样板中的直角样板为例，学习直角样板加工方法，巩固练习画线、锯削、锉削、钻孔等钳工基本操作技能技巧，学习图样的基本表达方法、零件图的识读，并能够通过学习和训练，完成图 3-1 直角样板的制作。本项目计划为 6 课时。

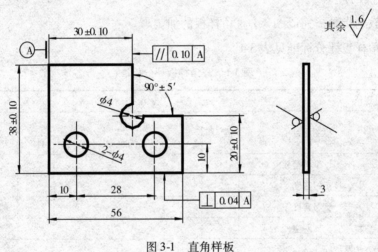

图 3-1　直角样板

项目能力目标

1. 简单的识图。
2. 学会使用画线工具，了解画线时的工艺步骤。
3. 能按零件图熟练进行锯、锉、钻等加工较复杂零件。
4. 能正确使用工具、量具，并具有一定的操作技能。
5. 了解工、量具保养。
6. 熟悉并严格遵守钳工安全操作规程。

任务描述

在本任务里，主要学习和巩固练习画线、锯削、锉削、钻孔等钳工基本操作方法，在具体实施的过程中，能够熟练应用工、量具和正确保养工、量具。通过本任务的学习和操作练习，能够完成图 3-1 直角样板的加工。

一、学习目标

1. 进一步掌握画线工具的使用。
2. 提高画线水平，并确保画线误差值控制在最小范围内。
3. 巩固和提高钻孔、锯削、锉削的技能。
4. 通过练习、提高安全文明操作意识。
5. 掌握相关机械制图方面的知识。

二、工序

在教师指导下完成图 3-1 直角样板的加工。

直角样板评分标准见表 3-1。

表 3-1　直角样板评分标准

一、实习规范

序号	检测项目	配分	评分标准	学生自评	小组互评	教师评价
1	工、量具摆放	1				
2	实习态度	2				
3	实习速度	2				
4	安全文明生产	5				

二、操作方法及步骤

序号	检测项目	配分	评分标准	学生自评	小组互评	教师评价
1	工作面直线度公差	10	超差不得分			
2	角度公差	15	超差不得分			
3	垂直度公差	15	超差不得分			
4	尺寸精度	20	不符合要求酌情减分			
5	标注公差	10	不符合要求酌情减分			
6	表面粗糙度	10	不符合要求酌情减分			
7	加工纹路	10	不符合要求酌情减分			

三、任务实施

1. 坯料准备

坯料：50mm×40mm×3mm。

2. 工、量具准备

直角样板工、量具准备见表3-2。

表3-2 直角样板工、量具准备

序号	名称	规格	序号	名称	规格	序号	名称	规格
1	画线平板		6	划针		11	游标卡尺	0~120mm
2	高度游标卡尺	0~200mm	7	钢直尺	100mm	12	麻花钻	$\Phi 4$
3	平板锉（粗）	250mm	8	V形架		13	钢直尺	100mm
4	平板锉（中）	200mm	9	台虎钳		14	锉刀刷	
5	平板锉（细）	150mm	10	样冲		15		

3. 工艺过程

直角样板工艺过程见表3-3。

表3-3 直角样板工艺过程

步骤	加工内容	图示
1	备料：50mm×40mm×3mm 一件预留余量2~3mm	
2	加工基准面；平面保证与基准面 A 垂直度公差为 0.04mm	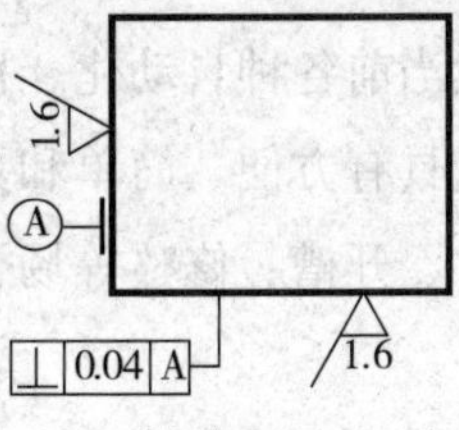
3	以两加工的垂直边为基准按图纸尺寸画线，画线公差不得超过 0.1mm	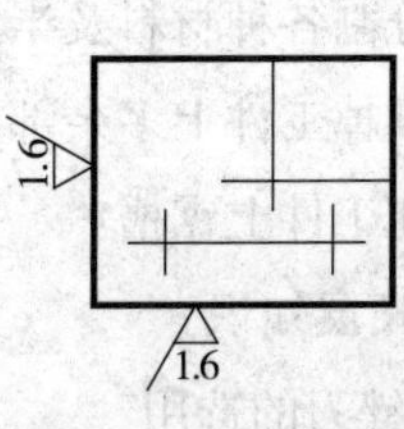

续表

步骤	加工内容	图示
4	按图钻 3 个 $\phi4$ 的小孔	
5	按划出的加工线锯掉多余部分。留出 1～2mm 的加工余量	
6	保留两基准边，锉削各锯割面，保证平行面和 90°角	
7	用推锉法理顺加工面并倒角（去毛刺）	
8	核对尺寸，送检	

四、知识链接——锯割的作用及工作范围

利用锯条锯断金属材料（或工件）或在工件上进行切槽的操作称为锯割。

虽然当前各种自动化、机械化的切割设备已广泛应用，但毛锯切割还是常见的，它具有方便、简单和灵活的特点，在单件小批生产、临时工地以及切割异形工件、开槽、修整等场合应用较广。因此手工锯割是钳工需要掌握的基本操作之一。

锯割工作范围包括：

（1）分割各种材料及半成品。

（2）锯掉工件上多余部分。

（3）在工件上锯槽。

五、拓展知识

（一）锉刀的选用

合理选用锉刀，对保证加工质量，提高工作效率和延长锉刀使用寿命有很

大的影响。一般选用锉刀的原则如下。

(1)根据工件形状和加工面的大小选择锉刀的形状和规格。

(2)根据加工材料软硬、加工余量、精度和表面粗糙度的要求选择锉刀的粗细。粗锉刀的齿距大，不易堵塞，适用于粗加工(即加工余量大、精度等级和表面质量要求低)及铜、铝等软金属的锉削；细锉刀适宜于钢、铸铁以及表面质量要求高的工件的锉削；油光锉只用来修光已加工表面，锉刀愈细，锉出的工件表面愈光，但生产率愈低。

(二)锉削注意事项

1.锉刀必须装柄使用，以免刺伤手腕。松动的锉刀柄应装紧后再用。

2.不准用嘴吹锉屑，也不要用手清除锉屑。当锉刀堵塞后，应用钢丝刷顺着锉纹方向刷去锉屑。

3.对铸件上的硬皮或粘砂、铸件上的飞边或毛刺等，应先用砂轮磨去，然后锉屑。

4.锉屑时不准用手摸锉过的表面，因手有油污，再锉时打滑。

5.锉刀不能作橇棒或敲击工件，防止锉刀折断伤人。

6.放置锉刀时，不要使其露出工作台面，以防锉刀跌落伤脚；也不能把锉刀与锉刀叠放或锉刀与量具叠放。

(三)锯条粗细的选择

锯条的粗细应根据加工材料的硬度、厚薄来选择。

锯割软的材料(如铜、铝合金等)或厚材料时，应选用粗齿锯条，因为锯屑较多，要求较大的容屑空间。

锯割硬材料(如合金钢等)或薄板、薄管时，应选用细齿锯条，因为材料硬，锯齿不易切入，锯屑量少；锯薄材料时，需要同时工作的齿数多，使锯齿承受的力量减少，锯齿易被工件勾住而崩断。

锯割中等硬度材料(如普通钢、铸铁等)和中等厚度的工件时，一般选用中齿锯条。

(四)锯割操作注意事项

1.锯割前要检查锯条的装夹方向和松紧程度。

2.锯割时压力不可过大，速度不宜过快，以免锯条折断伤人。

3.锯割将完成时，用力不可太大，并需用左手扶住被锯下的部分，以免该部分落下时砸脚。

学习情境四　制作划规

项目描述

　　本项目主要学习划规的制作方法，进一步巩固和提高锉配、钻孔、铰孔、攻螺纹的综合技能，达到中级工技能考核要求。技能训练图如图4-1所示。本项目计划为18课时。

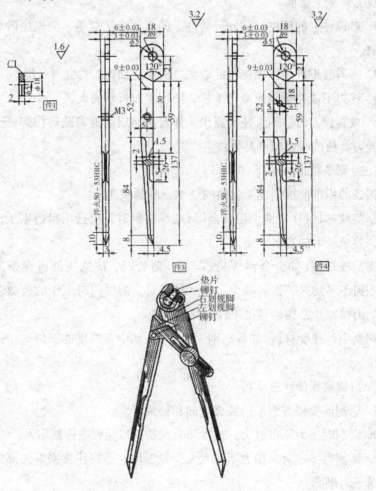

图 4-1　划规

项目能力目标

1. 能按操作步骤正确完成一般零件的制作，并达到图样规定的技术要求。
2. 掌握锉削方法，巩固和提高锉配技能，并达到规定的精度要求。
3. 工、量具使用和保养。
4. 安全文明生产。

任务描述

制作划规项目，没有将任务进行细分，主要以学生动手为主。学生能够根据步骤，完成划规的制作。同时能够掌握铆接方法及铆条直径和长度的计算方法，能够掌握半圆头铆钉的铆接方法；通过训练，达到松紧均匀，转动灵活的要求。

在制作过程中，铆接后要对外观进行检查（图4-2），常用的检查方法有以下两种。

1. 铆接后表面状态

部品表面无变形，铆钉无松动、浮起和间隙，铆钉表面不可打痕。

2. 铆接后状态

铆接后铆钉应与部品垂直90°±1°，不可出现漏铆或铆错位现象。

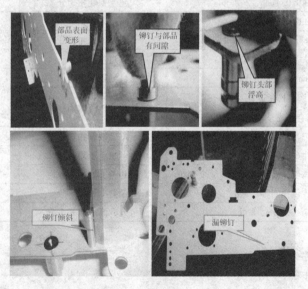

图4-2　铆接外观检查

71

一、学习目标

1. 掌握零件图的识读方法。

2. 掌握锉削方法，巩固和提高锉配技能，达到规定的精度要求。

3. 通过练习提高学生钳工动手能力。

二、工序

完成图 4-1 所示的划规制作。

三、评分标准

制作划规评分标准见表 4-1。

表 4-1　制作划规评分标准

一、实习规范

序号	检测项目	配分	评分标准	学生自评	小组互评	教师评价
1	工、量具摆放	1				
2	实习态度	2				
3	实习速度	2				
4	安全文明生产	5				

二、操作方法及步骤

序号	检测项目	配分	评分标准	学生自评	小组互评	教师评价
1	(9 ± 0.03)mm，2 处	6	超差 1 处扣 3 分			
2	(6 ± 0.03)mm，2 处	6	超差 1 处扣 3 分			
3	120°配合间隙≤0.06mm，2 处	16	超差 1 处扣 8 分			
4	两脚并合间隙≤0.08mm	8	超差不得分			
5	R9mm 圆头光滑正确	6	目测不合格全扣			
6	铆接松紧适宜 铆合头完整，2 处	8	每处铆合头有缺陷扣 4 分			
7	$\Phi3$ 铆合头，2 处	6	每处缺陷扣 3 分			
8	件 6 形状和尺寸	4	超差不得分			
9	两脚倒角对称，8 处	16	超差 1 处扣 2 分			
10	脚尖倒角对称，2 处	6	超差 1 处扣 3 分			
11	Ra≤3.2μm，8 处	8	每处升高一级扣 1 分			

四、任务实施

1. 坯料准备

坯料：①垫片，材料 45 钢，备料 $\Phi20\times\Phi10$ 车工加工；②半圆头铆钉，材料 Q235，采购 $\Phi5\times\Phi20$；③半圆头铆钉，材料 Q235，采购 $\Phi3\times\Phi12$；④右划

规脚，45 钢，备料 175mm×20mm×60mm；⑤左划规脚，45 钢，备料 175mm×20mm×60mm。

2. 工、量具准备

制作划规工、量具准备见表 4-2。

表 4-2 制作划规工、量具准备

序号	名称	规格	序号	名称	规格
1	木锤		12	木块	
2	铁砧		13	钢直尺	150mm
3	扁锉	粗细各一	14	游标卡尺	
4	整形锉		15	刀口形直角尺	
5	纱布		16	角度样板	120°
6	钻头		17	画线平板	
7	铰刀		18	高度游标卡尺	0～200mm
8	丝锥		19	千分尺	
9	罩模		20	刀口形直尺	
10	顶模		21	涂料	
11	压紧冲头		22	毛刷	

3. 工艺过程

制作划规工艺过程见表 4-3。

表 4-3 制作划规工艺过程

步骤	加工内容
1	检查两划规脚坯料的形状及尺寸，并校直两角毛坯
2	把划规脚钉在木板上，然后夹在钳口内粗、精锉两平面，使平面达到平直要求，厚度尺寸 $6+_0^{0.01}$mm 范围
3	粗、精锉两角 9mm 宽的内侧平面，保证其与 9mm 宽的外平面垂直，并保证宽度方向各尺寸的余量
4	分别以外平面和内侧面为基准划 3mm 及内、外 120°角加工线
5	锉 120°角及（3±0.03）mm 的凹平面，应保证平行度误差≤0.01mm，120°角交线必须在内平面上，并留有 0.2～0.3mm 的锉配修整余量
6	配合修配两划规角 120°，达到配合间隙≤0.06mm。
7	以内侧面和 120°角交线为基准，划 Φ5 孔位线
8	两角并合夹紧，钻、铰 Φ5 孔，并作 C0.5 倒角
9	以内侧面和外平面为基准，分别划 9mm、18mm 及 6mm 的加工线，后用 M5 螺钉、螺母连接垫片和两脚，按线进行外形粗锉加工
10	确定一个脚为右角，按同样尺寸画线，钻 Φ2.5 孔（孔口倒角），攻螺纹 M3

续表

步骤	加工内容
11	用 Φ5 铆钉铆接，达到活动铆接的要求
12	精加工外形尺寸，达到(9 ± 0.03)mm 和(6 ± 0.03)mm 的尺寸要求，满足表面粗糙度 Ra≤ 3.2μm 要求，并根据垫圈外径锉修 R9mm 圆弧头
13	按图在两脚上划出外侧倒角线及内侧捏头槽位置线，并按要求锉出。各棱交线要清晰，内圆弧要求圆滑光洁
14	将脚尖锉削成形，淬火硬度 50～53HRC，并将表面全部用砂纸打光
15	全部复查及修整，达到使用要求

五、知识链接

（一）制作划规的注意事项

（1）120°角度面与 3mm 的平面的垂直误差方向以小于 90°为好，且成清角，以便于达到配合要求。

（2）为了保证铆接后两脚转动时松紧适度，铆合面必须平直光洁，平行度误差必须控制在最小范围内。

（3）钻 Φ5 的铆钉孔时，必须两脚配合正确，在可靠夹紧情况下，钻在两脚内侧面延长线上，否则并合间隙达不到要求，而且不能再做修整加工。

（4）在加工外侧倒角与内侧捏手槽时，必须一起画线，锉两脚时应经常并拢两角检查大小和长短是否一致，否则会影响划规外形质量。

（5）在加工活动连板时，由于厚度尺寸小，应先加工长槽后再加工外形轮廓，钻孔时必须夹紧，避免造成工伤和折断钻头。

（6）由于活动连板加工时有尺寸、形状的误差，为了使装配后位置正确，可将 M3 螺钉孔的位置用试配、配钻的方法确定。

（二）铆钉连接的基本知识

1. 铆钉连接

利用铆钉把两个或两个以上的零件或部件，连接成为一个整体称为铆钉连接，简称铆接。

铆接的过程是：将铆钉插入被铆接工件的孔内，并使铆钉头紧贴工件表面，然后将铆钉杆的一端墩粗成为铆合头（图 4-3）。

2. 铆钉的种类

铆钉是由铆钉杆和铆钉头组成。按铆钉头的形状分：半圆头、平锥头、沉头、半沉头等种类（图 4-4）。

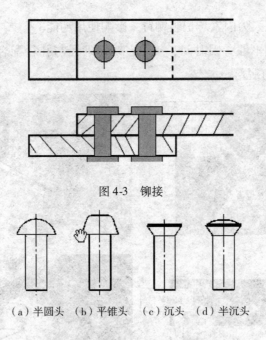

图 4-3 铆接

（a）半圆头 （b）平锥头 （c）沉头 （d）半沉头

图 4-4 铆钉种类

六、拓展知识——铆接分类

1. 按铆接使用分类

(1)活动铆接。它的结合部位可以相互转动，如内外卡钳、划规等。

(2)固定铆接。它的结合部位是固定不动的，这种铆接按用途和要求不同，还可分为强固铆接、强密铆接和紧密铆接等。

2. 按铆接方法分类

(1)冷铆。铆接时，铆钉不加热，直接将铆合头镦粗，冷铆常用于直径小于 8mm 的铆钉。

(2)热铆。将铆钉加热后进行铆接，直径大于 8mm 的钢铆钉多采用热铆。

(3)混合铆。在铆接时，只对铆合头端部加热，此类铆接常用于细长的铆钉。

3. 铆接常见不良现象

铆接常见不良现象见图 4-5。

(1)部品弯曲变形。铆接治具不合理或气压过大导致铆接时主体变形，影响外观。

(2)铆钉倾斜。铆接治具不合理或铆接冲头不垂直，造成铆钉偏斜，影响使用功能。

（3）漏铆钉。人为因素忘记装铆钉，影响使用功能。

（4）铆接强度不够。因时间、气压、铆钉外径与孔径配合等因素，造成铆接扭力不够，铆钉脱落。

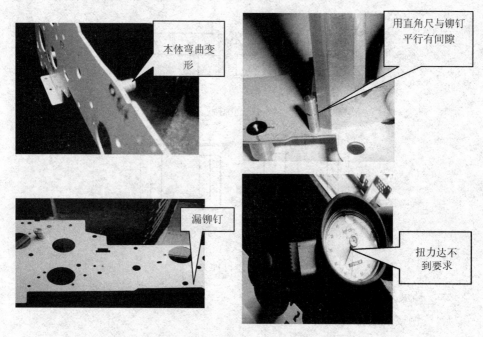

图4-5　铆接常见不良现象

学习情境五　制作对口夹板

项目描述

　　本项目主要学习对口夹板的加工方法，主要练习画线、锯削、锉削、钻孔、攻螺纹等钳工基本加工方法。熟悉钳工常用工、量具的使用及测量方法。巩固画线、锯削、锉削等基本操作技能。通过本项目的学习和训练，能够完成图 5-1 对口夹板的加工。本项目计划为 14 课时。

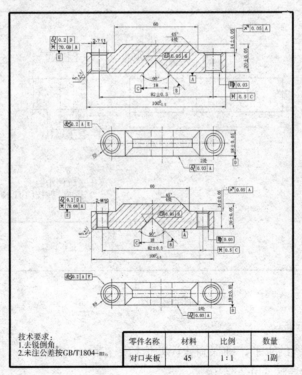

零件名称	材料	比例	数量
对口夹板	45	1:1	1刷

技术要求：
1.去锐倒角。
2.未注公差按GB/T1804-m。

图 5-1　对口夹板

项目能力目标

　　1. 巩固锯削、锉削、钻孔等基本操作技能。

2. 提高分析零件加工工艺及检测的能力。

3. 学会攻螺纹的技巧。

4. 通过检测养成精益求精的作风。

5. 做到安全和文明操作。

学习任务一　长方体加工

任务描述

本任务主要学习画线、锉削和量具的使用及测量方法，练习画线、锉削和量具基本测量技能。通过本任务的学习和训练，能够完成如图 5-2 长方体的制作。

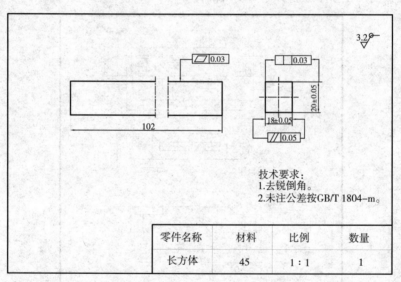

技术要求：
1.去锐倒角。
2.未注公差按GB/T 1804-m。

零件名称	材料	比例	数量
长方体	45	1：1	1

图 5-2　长方体

一、学习目标

1. 提高画线的水平，确保画线误差值控制在最小范围内。

2. 掌握机械制图相关知识。

3. 掌握锉削的相关理论知识，通过练习提高锉削水平。

4. 通过练习，培养学生竞争和动手能力。

二、工序

在教师指导下完成图 5-2 的长方体的加工。

三、评分标准

长方体加工评分标准见表5-1。

表5-1 长方体加工评分标准

一、实习规范

序号	检测项目	配分	评分标准	学生自评	小组互评	教师评价
1	工、量具摆放	1				
2	实习态度	2				
3	实习速度	2				
4	安全文明生产	5				

二、操作方法及步骤

序号	检测项目	配分	评分标准	学生自评	小组互评	教师评价
1	尺寸要求 18±0.05mm	30	每超差0.01扣2分			
2	表面粗糙度 Ra3.2μm	10	超差不得分			
3	平行度0.05mm	15				
4	平面度0.03mm	15	不符合要求酌情减分			
5	垂直度0.03mm	15	不符合要求酌情减分			
6	锉削姿势	5	不符合要求酌情减分			

四、任务实施

1. 坯料准备

坯料：24mm×20mm×103mm钢，2块/人。

2. 工量具准备

长方体加工工量具准备见表5-2。

表5-2 长方体加工工量具准备

序号	名称	规格	序号	名称	规格	序号	名称	规格
1	画线平板		7	台虎钳	150mm	13	锉刀刷	
2	靠铁		8	V形架		14	铜皮	
3	千分尺	300mm	9	钢直尺	150mm	15	锤子	
4	万能角度尺	0°~320°	10	平板锉（粗）	250mm	16	样冲	
5	刀口形直尺	125mm	11	平板锉（中）	200mm	17	游标卡尺	0~120mm
6	高度游标卡尺	0~200mm	12	平板锉（细）	150mm	18		

3. 工艺过程

长方体加工工艺过程见表5-3。

表5-3 长方体加工工艺过程

步骤	加工内容	图　　示
1	毛坯料检查	
2	锉削平面 D 基准面，保证加工表面平面度 0.03mm，表面粗糙度 Ra3.2μm，控制尺寸21mm	
3	将工件放在画线平板上并以第一加工平面作为基准面 D，用高度游标卡尺划第二加工面 B 的加工线，打样冲眼	
4	锉削第二个平面 B，保证平行度 0.05mm，平面度 0.03mm，尺寸 20±0.05mm，表面粗糙度 Ra3.2μm	
5	锉削第三个平面 A，保证垂直度 0.03mm，表面粗糙度 Ra3.2μm，并以第三个加工平面作为基准，划出第四个加工面 C 的加工线，打样冲眼	
6	锉削第四个平面 C，保证平行度 0.05mm，平面度 0.03mm，垂直度 0.03mm，尺寸18±0.05mm，表面粗糙度 Ra3.2μm	
7	核对尺寸，送检	

学习任务二　倒角、90°角度面加工

任务描述

本任务主要练习画线、锉削、锯削和基本测量的技能。通过本任务的学习和训练，能够完成如图5-3的倒角、90°角度面加工。

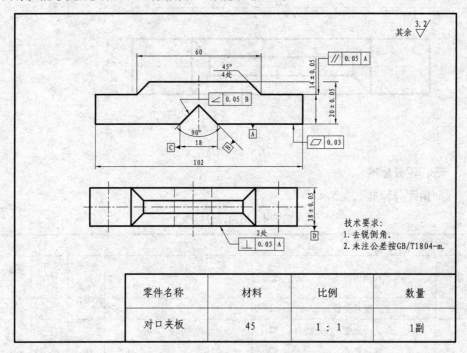

零件名称	材料	比例	数量
对口夹板	45	1：1	1副

图5-3　倒角、90°角度面加工

工序1　倒　角

一、学习目标

1. 巩固提高画线、锉削、锯削等技能。

2. 掌握机械制图的相关知识。

3. 通过练习，提高学生动手能力和安全意识。

二、工序

在教师指导下，完成图5-4的倒角工作。

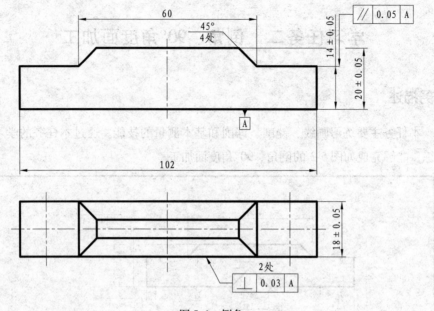

图 5-4　倒角

三、评分标准

倒角评分标准见表 5-4。

表 5-4　倒角评分标准

一、实习规范

序号	检测项目	配分	评分标准	学生自评	小组互评	教师评价
1	工、量具摆放	1				
2	实习态度	2				
3	实习速度	2				
4	安全文明生产	5				

二、操作方法及步骤

序号	检测项目	配分	评分标准	学生自评	小组互评	教师评价
1	尺寸要求 14±0.05mm	25	每超差 0.01 扣 4 分			
2	尺寸要求 60mm	10	超差不得分			
3	平行度 0.05mm	10	每超差 0.01 扣 5 分			
4	4 处倒角	25	超差不得分			
5	表面粗糙度 Ra3.2μm	10	超差扣 8 分			
6	锉削姿势	10	不符合要求酌情减分			

四、任务实施

1. 坯料准备

坯料：上道工序完成的工件。

2. 工、量具准备

倒角工、量具准备见表5-5。

表 5-5　倒角工、量具准备

序号	名称	规格	序号	名称	规格	序号	名称	规格
1	画线平板		7	台虎钳	150mm	13	锉刀刷	
2	靠铁		8	V 形架		14	锯弓锯条	
3	千分尺	300mm	9	钢直尺	150mm	15	锤子	
4	万能角度尺	0°~320°	10	平板锉（粗）	250mm	16	样冲	
5	刀口形直尺	125mm	11	平板锉（中）	200mm	17	游标卡尺	0~120mm
6	高度游标卡尺	0~200mm	12	平板锉（细）	150mm	18	划针	

3. 工艺过程

倒角工艺过程见表5-6。

表 5-6　倒角工艺过程

步骤	加工内容	图示
1	审查上道工序，审图	
2	计算出坐标值，用高度游标卡尺画出坐标点。划倒角线，用划针、钢直尺完成平面及斜面画线，并打上样冲眼	
3	锯削平面、斜面并留有锉削加工余量	

续表

步骤	加工内容	图示
4	锉削平面、斜面并保证尺寸、平行度及表面粗糙度的要求	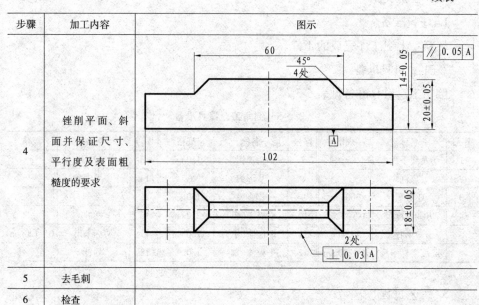
5	去毛刺	
6	检查	

工序 2 90°角度面加工

一、学习目标

1. 巩固提高锉削的技能。

2. 掌握机械制图的相关知识。

3. 通过练习，提高学生动手能力和安全意识。

二、工序

在教师指导下，完成图5-5所示90°角度面的加工工作。

图5-5 90°角度面加工

84

三、评分标准

90°角度面加工评分标准见表5-7。

表5-7　90°角度面加工评分标准

一、实习规范

序号	检测项目	配分	评分标准	学生自评	小组互评	教师评价
1	工、量具摆放	1				
2	实习态度	2				
3	实习速度	2				
4	安全文明生产	5				

二、操作方法及步骤

序号	检测项目	配分	评分标准	学生自评	小组互评	教师评价
1	尺寸要求 18mm	20	超差不得分			
2	角度 90°	20	超差不得分			
3	倾斜度 0.05mm	20	每超差 0.01 扣 4 分			
4	表面粗糙度 Ra3.2μm	10	超差扣 5 分			
5	锉削姿势	20	不符合要求酌情减分			

四、任务实施

1. 坯料准备

坯料：上道工序完成的工件。

2. 工、量具准备

角度面加工工、量具准备见表5-8。

表5-8　90°角度面加工工、量具准备

序号	名称	规格	序号	名称	规格	序号	名称	规格
1	画线平板		7	台虎钳	150mm	13	锉刀刷	
2	靠铁		8	V形架		14	锯弓锯条	
3	千分尺	300mm	9	钢直尺	150mm	15	锤子	
4	万能角度尺	0°~320°	10	平板锉（粗）	250mm	16	样冲	
5	刀口形直尺	125mm	11	平板锉（中）	200mm	17	游标卡尺	0~120mm
6	高度游标卡尺	0~200mm	12	平板锉（细）	150mm	18	划针	

3. 工艺过程

90°角度面加工工艺过程见表5-9。

表 5-9 90°角度面加工工艺过程

步骤	加工内容	图示
1	审查上道工序，审图	
2	计算出坐标值，用高度游标卡尺划出坐标点。划倒角线，用划针、钢直尺完成斜面画线，并打上样冲眼	
3	锯削 90°角度面并留有锉削加工余量	
4	锉削 90°角度面并保证尺寸、倾斜度及表面粗糙度的要求	
5	去毛刺	
6	检查	

五、知识链接

（一）锯削工作范围

1. 分割各种材料或半成品。

2. 锯掉工件上的多余部分。

3. 在工件上锯槽。

（二）锯条的安装

锯条的安装归纳起来有 3 条（图 5-6）。

（1）齿尖朝前。

（2）松紧适中。

（3）锯条无扭曲。

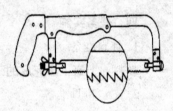

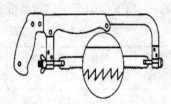

图 5-6 锯条的安装

六、拓展知识

1. 锯条选用原则

（1）根据被加工工件尺寸精度。

（2）根据被加工工件的表面粗糙度。

（3）根据被加工工件的大小。

（4）根据被加工工件的材质。

2. 锯条实际的选用

锯条实际的选用依据见表5-10。

表5-10 锯条选用依据

粗齿	>1.8mm	<14mm	锯削部位较厚、材料较软
中齿	1.1~1.8mm	14~22mm	锯削部位厚度、软硬适中
细齿	<1.1mm	>22mm	锯削部位较薄、材料较硬

学习任务三　孔加工、螺纹加工

任务描述

本任务主要学习圆弧画线的方法，练习锉削凹凸圆弧。通过本任务的学习和训练，能够完成如图5-1对口夹板的孔、螺纹的加工及锉R弧。

工序1　钻孔、攻螺纹及锉R弧

一、学习目标

1. 学习锉削凹凸圆弧的技能。

2. 掌握机械制图的相关知识。

3. 掌握钻孔的技能及分析攻螺纹产生废品的原因。

二、工序

在教师指导下，完成图5-7对口夹板的钻孔、攻螺纹及锉R弧工作。

三、评分标准

钻孔、攻螺纹及锉R弧评分标准见表5-11。

表5-11 钻孔、攻螺纹及锉R弧评分标准

一、实习规范

序号	检测项目	配分	评分标准	学生自评	小组互评	教师评价
1	工、量具摆放	1				
2	实习态度	2				
3	实习速度	2				
4	安全文明生产	5				

二、操作方法及步骤

序号		检测项目	配分	评分 标准	学生 自评	小组 互评	教师 评价
件 1	1	尺寸要求 18 ± 0.3mm	10	每超差 0.01 扣 2 分			
	2	两孔对称度 0.5mm	6	超差扣 2 分			
	3	两孔对称度 0.08mm	6	超差扣 2 分			
	4	两孔垂直度 0.2mm	6	超差扣 2 分			
	5	R9	4	超差扣 1 分			
	6	线轮廓度 0.2mm	5	超差扣 2 分			
件 2	7	尺寸要求 18 ± 0.3mm	10	每超差 0.01 扣 2 分			
	8	两孔对称度 0.5mm	6	超差扣 2 分			
	9	M10	6	超差扣 2 分			
	10	两孔对称度 0.1mm	6	超差扣 2 分			
	11	两孔垂直度 0.2mm	6	超差扣 2 分			
	12	R9	4	超差扣 2 分			
	13	线轮廓度 0.2mm	5	超差扣 2 分			
	14	表 面 粗 糙 度 Ra12.5μm、Ra6.3μm	10	超差不得分			

四、任务实施

1. 坯料准备

坯料：上道工序完成的工件。

2. 工、量具准备

钻孔、攻螺纹及锉 R 弧工量具准备见表 5-12。

表 5-12　钻孔、攻螺纹及锉 R 弧工量具准备

序号	名称	规格	序号	名称	规格	序号	名称	规格
1	画线平板		9	钢直尺	150mm	17	游标卡尺	0 ~ 120mm
2	靠铁		10	平板锉（粗）	250mm	18	划针	
3	千分尺	300mm	11	平板锉（中）	200mm	19	麻花钻	Φ8.5
4	万能角度尺	0° ~ 320°	12	平板锉（细）	150mm	20	麻花钻	Φ10.8
5	刀口形直尺	125mm	13	锉刀刷		21	麻花钻	Φ12
6	高度游标卡尺	0 ~ 200mm	14	台钻		22	丝锥	M10
7	台虎钳	150mm	15	锤子		23	半圆锉（细）	200mm
8	V 形架		16	样冲				

3. 工艺过程

钻孔、攻螺纹及锉 R 弧加工工艺过程见表 5-13。

表 5-13　钻孔、攻螺纹及锉 R 弧加工工艺过程

步骤	加工内容	图示
1	审查上道工序，审图	
2	计算出坐标值，用高度游标卡尺划出坐标点，并打上样冲眼	
工件1　3	钻孔并达到加工要求	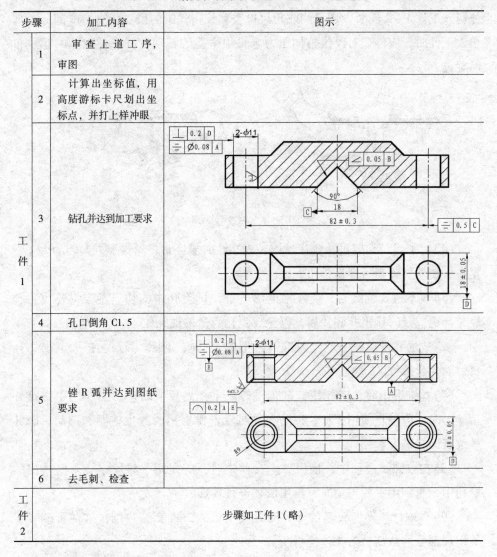
4	孔口倒角 C1.5	
5	锉 R 弧并达到图纸要求	
6	去毛刺、检查	
工件2		步骤如工件 1（略）

五、知识链接——攻螺纹要点

1. 手攻螺纹时须注意以下几点

（1）攻螺纹前螺纹底孔。两端孔口都要倒角，这样可使丝锥容易切入，并防止攻螺纹后孔口的螺纹崩裂。

（2）攻螺纹前。工件的装夹位置要正确，尽量使螺孔中心线置于水平或垂直位置，其目的是攻螺纹时便于判断丝锥是否垂直于工件平面。

（3）开始攻螺纹时。把丝锥放正，用右手掌按住铰杠中部沿丝锥中心线用力加压，此时左手配合作顺向旋进；或两手握住铰杠两端平衡施加压力，并将丝锥顺向旋进，保持丝锥中心与孔中心线重合，不能歪斜(图5-7)。当切削部分切入工件 1～2 圈时，用目测或角尺检查和校正丝锥的位置。当切削部分全部切入工件时，应停止对丝锥施加压力，只须平稳的转动铰杠靠丝锥上的螺纹自然旋进。

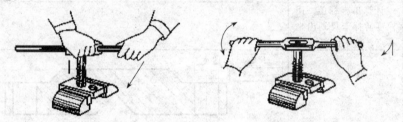

图5-7　起攻方法

（4）为了避免切屑过长咬住丝锥，攻螺纹时应经常将丝锥反方向转动1/2圈左右，使切屑碎断后容易排出。

（5）攻不通孔螺纹时，要经常退出丝锥，排除孔中的切屑。当将要攻到孔底时，更应及时排出孔底积屑，以免攻到孔底丝锥被轧住。

（6）攻通孔螺纹时，丝锥校准部分不应全部攻出头，否则会扩大或损坏孔口最后几牙螺纹。

（7）丝锥退出时，应先用铰杠带动螺纹平稳地反向转动，当能用手直接旋动丝锥时，应停止使用铰杠，以防铰杠带动丝锥退出时产生摇摆和振动，破坏螺纹表面粗糙度。

（8）在攻螺纹过程中，换用另一支丝锥时，应先用手将丝锥旋入已攻出的螺孔中，直到用手旋不动时，再用铰杠进行攻螺纹。

（9）在攻材料硬度较高的螺孔时，应头锥、二锥交替攻削，这样可减轻头锥切削部分的载荷，防止丝锥折断。

（10）攻塑性材料的螺孔时，要加切削液，以减少切削阻力和提高螺孔的表面质量，延长丝锥的使用寿命。一般用机油或浓度较大的乳化液，要求高的螺孔也可用菜油或二硫化钼等。

2. 机攻螺纹

机攻螺纹前应先按表5-14选用合适的切削速度。当丝锥即将进入螺纹底孔时，进刀要慢，以防止丝锥与螺孔发生撞击。在螺纹切削部分开始攻螺纹时，应在钻床进刀手柄上施加均匀的压力，帮助丝锥切入工件。当切削部分全部切入工件时，应停止对进刀手柄施加压力，而靠丝锥螺纹自然旋进攻螺纹。

表5-14 攻螺纹速度 n/分钟

螺孔材料	切削速度
一般钢材	6~15
调质钢或较硬钢	5~10
不锈钢	2~7
铸铁	8~10

机攻通孔螺纹时，丝锥的校准部分不能全部攻螺纹，攻螺纹前应对丝锥进行认真的检查和修磨。

当丝锥的切削部分磨损时，可以在砂轮机上修磨其后刀面（图5-8），修磨时应注意保持切削部分各刀齿的半锥角及长度的一致性和准确性。

当丝锥的校准部分磨损时，应修磨丝锥的前刀面。如果磨损少，可用柱形油石涂一些润滑油进行研磨；如果磨损严重，应在工具磨床上用棱角修圆的片状砂轮修磨（图5-9），修磨时应控制好丝锥的前角。

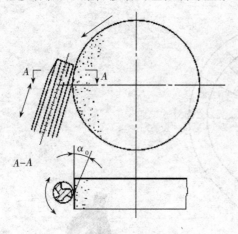

图5-8 刃磨丝锥后刀面

图5-9 修磨丝锥前刀面

六、拓展知识（略）

学习情境六　制作鸡心夹头

项目描述

鸡心夹头是一种用于加工轴类零件使用的夹具，主要通过主轴头上安装的卡盘拨动鸡心夹转动，鸡心夹紧紧地夹在工件上，工件自然随着转动。由于夹头只是起到夹紧作用，故对加工精度没有太高的要求。本项目主要学习鸡心夹头的制作方法，进一步巩固和提高锉削、攻螺纹的综合技能。技能训练如图6-1所示（实物如图6-2）。本项目计划为6课时。

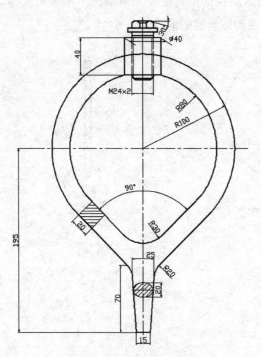

图 6-1　鸡心夹头零件图　　　　　图 6-2　鸡心夹头实物图

项目能力目标

1. 训练中培养良好的锉削习惯。

2. 工、量具使用和保养。

3. 安全文明生产。

4. 培养过硬的基本功。

5. 培养学生勤学苦练，勤动脑，勤动手的精神。

一、学习目标

1. 掌握识读图纸技巧。

2. 掌握锉削方法，掌握和提高锉削技能。

3. 掌握攻丝方法，提高攻螺纹的技能。

4. 培养学生吃苦耐劳的工作作风和自主解决问题的能力。

5. 培养学生安全文明生产意识。

二、工序

完成图 6-1 所示的鸡心夹头的制作。

三、评分标准

制作鸡心夹头评分标准见表 6-1。

表 6-1　制作鸡心夹头评分标准

一、实习规范

序号	检测项目	配分	评分标准	学生自评	小组互评	教师评价
1	工、量具摆放	1				
2	实习态度	2				
3	实习速度	2				
4	安全文明生产	5				

二、操作方法及步骤

序号	检测项目	配分	评分标准	学生自评	小组互评	教师评价
1	M24×2	30	超差不得分			
2	R80 圆弧面光滑	10	酌情扣分			
3	R100 圆弧面光滑	10	酌情扣分			
4	R30 圆弧面光滑	10	酌情扣分			
5	90°夹角	10	超差不得分			
6	工件表面光洁度	20	酌情扣分			

四、任务实施

1. 坯料准备

坯料：铸件，材料 45 钢。

2. 工、量具准备

制作鸡心夹头工、量具准备见表6-2。

表6-2　制作鸡心夹头工、量具准备

序号	名称	规格	序号	名称	规格
1	平板锉（中）	200mm	7	丝锥	
2	平板锉（细）	150mm	8	半径样板	
3	游标卡尺	0~120mm	9	锉刀刷	
4	高度游标卡尺	0~200mm	10	台虎钳	
5	钢丝刷		11	半圆锉	
6	铰杠		12	毛刷	

3. 工艺过程

制作鸡心夹头工艺过程见表6-3。

表6-3　制作鸡心夹头工艺过程

步骤	加工内容	图示
1	检查来料尺寸	
2	画线	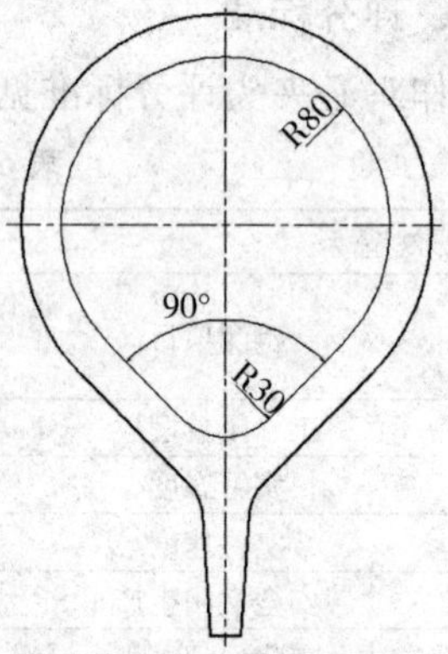
3	用细扁锉及半圆弧锉锉削修整 R80 内圆弧	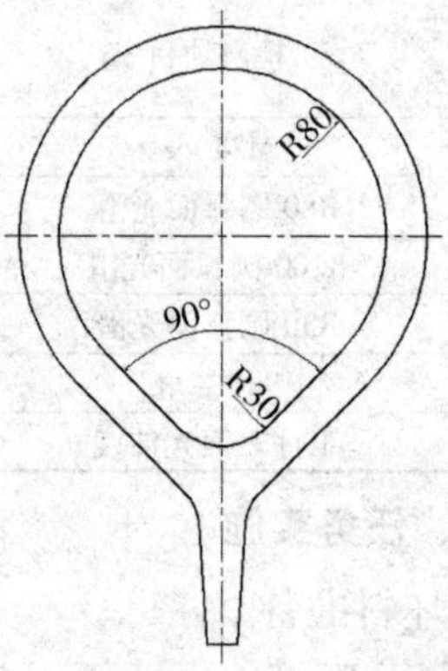
4	用细扁锉及半圆弧锉锉削修整 R30 内圆弧	
5	修整90°夹角，达到各型面连接圆弧光洁、纹理平整	

续表

步骤	加工内容	图示
6	攻普通内螺纹 M24×2 孔	
7	各锐边去毛刺, 倒棱	
8	全部复查及修整, 达到使用要求	

五、知识链接

攻螺纹和套螺纹时可能出现的问题和产生原因见表6-4。

表 6-4　攻螺纹和套螺纹时可能出现的问题和产生原因

出现问题	产生原因
螺纹乱牙	1. 攻螺纹时底孔直径太小, 起攻困难, 左右摆动, 孔口乱牙 2. 换用二、三锥时强行校正, 或没旋合好就攻下 3. 圆杆直径过大, 起套困难, 左右摆动, 杆端乱牙
螺纹滑牙	1. 攻不通螺纹时, 丝锥已到底仍继续攻转 2. 攻强底或小孔径螺纹, 丝锥已切出螺纹仍继续加压, 或攻完时连同铰杆自由的快速转出 3. 未加适当切削液及一直攻、套不倒转。切屑堵塞, 将螺纹啃坏
螺纹歪斜	1. 攻、套螺纹时位置不正, 起攻、套时未做垂直度检查 2. 孔口、铰杠端倒角不良; 两手用力不均匀; 切入时歪斜
螺纹形状不完整	1. 攻螺纹底孔直径太大, 或套螺纹圆杆直径太小。 2. 圆杆不直 3. 板牙经常摆动
丝锥折断	1. 底孔太小 2. 攻入时丝锥歪斜或歪斜后强行校正 3. 没有经常反转断屑和清屑, 或不通孔攻到底, 还继续攻下 4. 使用铰杠不当 5. 丝锥牙齿暴裂或磨损过多而强行攻下 6. 工件材料过硬或夹着硬点 7. 双手用力不均或用力过猛

六、拓展知识

(一)机床夹具的概念

机床夹具是机床上用以装夹工件(和引导刀具)的一种装置。其作用是将工件定位, 以使工件获得相对于机床和刀具的正确位置, 并把工件可靠地夹紧。

（二）机床夹具的组成

1. 定位元件

它与工件的定位基准相接触，用于确定工件在夹具中的正确位置，从而保证加工时工件相对于刀具和机床加工运动间的相对位置正确。

2. 夹紧装置

用于夹紧工件，在切削时使工件在夹具中保持既定位置。

3. 对刀、引导元件或装置

这些元件的作用是保证工件与刀具之间的正确位置。用于确定刀具在加工前正确位置的元件，称为对刀元件，如对刀块。用于确定刀具位置并导引刀具进行加工的元件，称为导引元件。

4. 连接元件

使夹具与机床相连接的元件，保证机床与夹具之间的相互位置关系。

5. 夹具体

用于连接或固定夹具上各元件及装置，使其成为一个整体的基础件。它与机床有关部件进行连接、对定，使夹具相对机床具有确定的位置。

6. 其他元件及装置

有些夹具根据工件的加工要求，要有分度机构，铣床夹具还要有定位键等。

以上这些组成部分，并不是对每种机床夹具都是缺一不可的，但是任何夹具都必须有定位元件和夹紧装置，它们是保证工件加工精度的关键，目的是使工件定准、夹牢。

（三）机床夹具的功用

1. 能稳定地保证工件的加工精度

用夹具装夹工件时，工件相对于刀具及机床的位置精度由夹具保证，不受工人技术水平的影响，使一批工件的加工精度趋于一致。

2. 能减少辅助工时，提高劳动生产率

使用夹具装夹工件方便、快速，工件不需要画线找正，可显著地减少辅助工时；工件在夹具中装夹后提高了工件的刚性，可加大切削用量；可使用多件、多工位装夹工件的夹具，并可采用高效夹紧机构，进一步提高劳动生产率。

3. 能扩大机床的使用范围，实现一机多能

根据加工机床的成形运动，附以不同类型的夹具，即可扩大机床原有的工艺范围。例如在车床的溜板上或摇臂钻床工作台上装上镗模，就可以进行箱体零件的镗孔加工。

学习情境七 制作 V 形铁

项目描述

V 形铁是钳工加工、维修和装配中常用的工具，也是轴类、箱体类零件的定位和支承原件。本项目的工序是学习与训练完成图 7-1 所示的 V 形铁制作。实物如图 7-2 本任务主要学习錾削、刮削、研磨等基本操作方法，熟悉钳工常用工、量具的使用及测量方法。本项目计划为 10 课时。

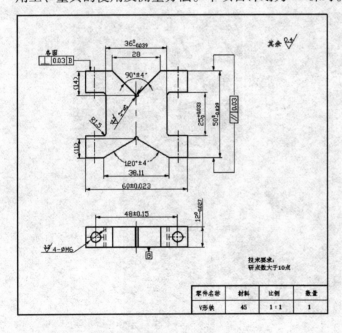

图 7-1 V 形铁零件图   图 7-2 V 形铁实物图

项目能力目标

1. 正确使用錾削工具，学会錾削各种平面的技巧。
2. 正确使用刮削工具，学会刮削技巧和刃磨刀具方法。
3. 工、量具的保养。

4. 通过练习，养成勤奋学习和吃苦耐劳的习惯。

5. 安全文明生产。

学习任务一 錾削

任务描述

钳工在使用錾削工具的过程中，不仅能学到淬火技术，还可以练习锤击的准确性，为模具的装配打下扎实的基础。

通过本任务的学习，了解錾削的基本概念和使用场合，并对錾削工具有所了解。錾削是利用锤子锤击錾子，实现对工件切削加工的一种方法。錾削可对工件开槽、去除毛刺和对金属表面粗加工等(图 7-3)。

图 7-3 錾削

工序 1　錾削 V 形铁

一、学习目标

1. 能够读懂零件图。

2. 学会正确使用錾削工具。

3. 掌握錾削的姿势。

4. 掌握錾削平面的技巧和方法。

5. 通过练习，使学生养成吃苦耐劳的习惯。

6. 提高学生自信心，为以后工作打下基础。

二、工序

在教师指导下完成图 7-1 的錾削工作。

三、评分标准

錾削 V 形铁评分标准见表 7-1。

表 7-1　錾削 V 形铁评分标准

一、实习规范

序号	检测项目	配分	评分标准	学生自评	小组互评	教师评价
1	工、量具摆放	1				
2	实习态度	2				
3	实习速度	2				
4	安全文明生产	5				

二、操作方法及步骤

序号	检测项目	配分	评分标准	学生自评	小组互评	教师评价
1	高 $50^{+0.05}_{0}$ mm	5	超差全扣			
2	长 $60^{+0.05}_{0}$ mm	5	超差全扣			
3	宽 $12^{+0.05}_{0}$ mm	4	超差全扣			
4	$36^{+0.05}$ mm	3	超差全扣			
5	表面粗糙度 Ra3.2μm（4 处）	12	超差全扣			
6	$90°±4'$	10	超差全扣			
7	$120°±4'$	10	超差全扣			
8	平行度 0.05mm	10	超差全扣			
9	4－M6	12	超差全扣			
10	表面粗糙度 Ra3.2μm	9	超差全扣			
11	$2-\phi2$	10	超差全扣			

四、任务实施

1. 坯料准备

坯料：65mm×54mm×12.5mm（45 钢板）。

2. 工、量具准备

錾削 V 形铁工、量具准备见表 7-2。

表 7-2　錾削 V 形铁工、量具准备

序号	名称	规格	序号	名称	规格	序号	名称	规格
1	画线平板		9	平板锉（细）	150mm	17	正弦规	
2	划针		10	铜皮		18	钻头	6mm
3	台虎钳	150mm	11	钢直尺	300mm	19	刀口形直尺	125mm
4	V 型铁		12	游标卡尺	0～150mm	20	高度游标卡尺	0～300mm
5	样冲		13	毛刷		21	万能角度尺	0°～320°
6	手锤		14	锯弓、条		22	90°角尺	
7	平板锉（粗）	250mm	15	扁錾		23	千分尺	0～25mm
8	平板锉（中）	200mm	16	锉刀刷				

3. 工艺过程

錾削 V 形铁工艺过程见表 7-3。

表 7-3　錾削 V 形铁工艺过程

步骤	加工内容	图　示
1	毛坯料检查，审图	
2	锉削大平面作为基准面 A，保证平面度为 0.05mm	
3	在画线平板上利用高度画线尺分别画出加工线、锉削平面，保证尺寸精度、平面度、平行度、垂直度的要求	

步骤	加工内容	图示
4	利用红丹粉在工件表面涂色。按图纸尺寸画线，打样冲眼及钻孔	
5	按尺寸锯削槽宽为 12mm 的三边锯口，深度为 11.5mm；用垂直錾削，錾口宽度为 12mm，留 0.5mm 的加工余量进行锉削	
6	按图纸要求进行锉削，修理毛刺，核对尺寸	

五、知识链接——錾削的主要工具

1. 錾子

錾子一般由碳素工具钢锻成，切削部分磨成所需的楔形后，经热处理便能满足切削要求。錾子切削时的角度如图 7-4 所示。

（1）錾子切削部分的两面一刃。

①前面：錾子工作时与切屑接触的表面。

②后面：錾子工作时与切削表面相对的

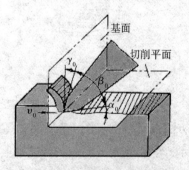

图 7-4　錾子切削时角度示意图

表面。

③切削刃：錾子前面与后面的交线。

（2）錾子切削时的3个角度。

①楔角β°：前面与后面所夹的锐角。

②后角α°：后面与切削平面所夹的锐角。

③前角γ°：前面与基面所夹的锐角。

（3）錾子的构造与种类

錾子由头部、柄部及切削部分组成。头部一般制成锥形，以便锤击力能通过錾子轴心。柄部一般制成六边形，以便操作者定向握持。切削部分则根据錾削对象不同，制成以下3种类型（图7-5）。

（a）扁錾　　　　　　（b）窄錾　　　　　　（c）油槽錾

图7-5　錾子的种类

2. 锤子

锤子由锤头和木柄等组成。根据用途不同，锤有软锤、硬锤之分。锤子的常见形状如图7-6所示。

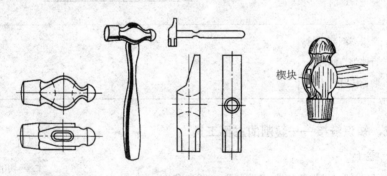

图7-6　锤子常见形状

①錾子的握法：由于錾切方式和工件的加工部位不同，手握錾子和挥锤的方法也有区别。图7-7所示为錾切时3种不同的握錾方法，正握法如图7-7a所示，錾切较大平面和在台虎钳上錾切工件时常采用这种握法；反握法如图7-7b所示，錾切工件的侧面和进行较小加工余量錾切时，常采用这种握法；立握法

如图 7-7c 所示，由上向下錾切板料和小平面时，多使用这种握法。

（a）正握法　　　　　　（b）反握法　　　　　　（c）立握法

图 7-7　錾子的握法

②锤子的握法：锤子的握法分紧握锤和松握锤两种。紧握法如图 7-8a 所示，用右手食指、中指、无名指和小指紧握锤柄，锤柄伸出 15～30mm，大拇指压在食指上；松握法，如图 7-8b 所示，只有大拇指和食指始终握紧锤柄，锤击过程中，当锤子打向錾子时，中指、无名指、小指一个接一个依次握紧锤柄，挥锤时以相反的次序放松，此法使用熟练可增加锤击力。

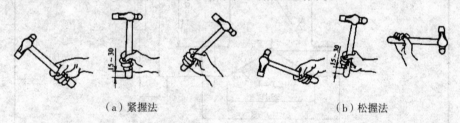

（a）紧握法　　　　　　　　　　　　（b）松握法

图 7-8　锤子的握法

③挥锤的方法：挥锤的方法有手挥、肘挥和臂挥 3 种（图 7-9）。

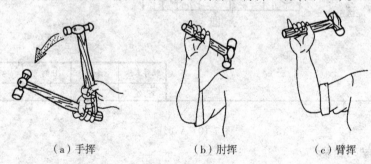

（a）手挥　　　　　　（b）肘挥　　　　　　（c）臂挥

图 7-9　锤子的挥法

学习任务二 刮削

任务描述

本任务主要学习刮刀的选用和刃磨、刮削的检查方法，练习刮刀的使用和平面的刮削。通过本任务的学习和训练，能完成如图 7-10 所示 V 形铁的刮削。

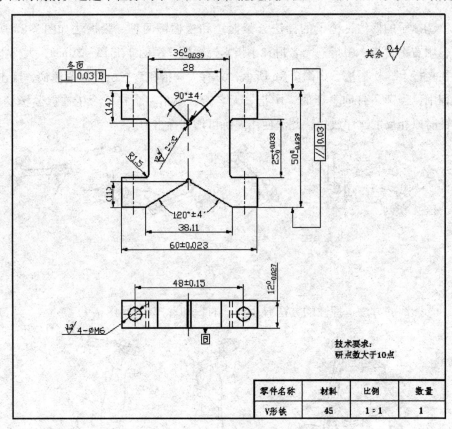

图 7-10 V 形铁

一、学习目标

1. 能够读懂零件图。

2. 学会正确使用刮削工具。

3. 学会刮刀的选用和刃磨。

4. 培养学生吃苦精神。

5. 培养学生竞争意识。

二、工序

在教师指导下完成图 7-9 的刮削。

三、评分标准

V 形铁刮削评分标准见表 7-4。

表 7-4 V 形铁刮削评分标准

一、实习规范

序号	检测项目	配分	评分标准	学生自评	小组互评	教师评价
1	工、量具摆放	1				
2	实习态度	2				
3	实习速度	2				
4	安全文明生产	5				

二、操作方法及步骤

序号	检测项目	配分	评分标准	学生自评	小组互评	教师评价
1	12 ± 0.02mm	6	每超差 0.01 扣 2 分			
	两大平面 21 个研点	8	不符合要求酌情减分			
2	50 ± 0.02mm	6	每超差 0.01 扣 3 分			
	上下面 21 个研点	8	不符合要求酌情减分			
	平行度 0.03mm	8	每超差 0.01 扣 4 分			
3	尺寸要求 28mm	4	每超差 0.01 扣 2 分			
	90° ± 4′	6	每超 1′ 扣 3 分			
	两型面 21 个研点	8	不符合要求酌情减分			
	相对 B 面的垂直度 0.03mm	11	超 0.1 扣 4 分			
4	120° ± 4′	6	每超 1′ 扣 3 分			
	两型面 21 个研点	8	不符合要求酌情扣分			
	相对 B 面的垂直度 0.03mm	11	没超差 0.01 扣 4 分			

四、任务实施

1. 坯料准备

坯料：65mm × 54mm × 12.5mm（45 钢板）。

2. 工量具准备

V 形铁刮削工量具准备见表 7-5。

表 7-5　V 形铁刮削工量具准备

序号	名称	规格	序号	名称	规格	序号	名称	规格
1	量块	0 级精度	7	标准平板		13	百分表及表座	0 ~ 0.8mm
2	游标卡尺		8	画线平板		14	刀口形直尺	125mm
3	千分尺	50 ~ 75mm	9	毛刷		15	万能角度尺	0° ~ 320°
4	平面刮刀		10	磁性吸盘		16	油石	
5	圆柱角尺	$\Phi 60 \times 100$	11	90°角尺				
6	机油		12	显示剂				

3. 工艺过程

V 形铁刮制工艺过程见表 7-6。

表 7-6　V 形铁刮削工艺过程

步骤	加工内容	图示
1	用圆柱角尺、万能角度尺检测各型面相对 B 面的垂直度、V 形槽的角度尺寸；用千分尺检测上下面角度尺寸，用百分表检测平行度，确定刮削余量	
2	刮削基准面 B 及 B 的对面，达到 25mm × 25mm 内 4 ~ 5 个研点 粗刮各型面，达到 25mm × 25mm 内 4 ~ 5 个研点	
3	将显示剂涂在工件刮削面上，在标准平板上推研	
4	刮削基准面 B，达到 25 × 25mm 内 4 ~ 5 个研点 刮削基准面 B 的对面，保证尺寸 12 ± 0.02mm，达到 25mm × 25mm 内 4 ~ 5 个研点 粗刮上下面，保证尺寸 50 ± 0.02mm，达到 25mm × 25mm 内 4 ~ 5 个研点，平行度 0.03mm 精刮各型面，保证尺寸 28mm，角度 90° ± 4′ 和 120° ± 4′，各型面相对 B 面的垂直度 0.03mm，达到 25mm × 25mm 内 4 ~ 5 个研点，符合图纸要求	

五、知识链接

（一）刮削概述

1. 刮削原理

将工件与基准件（如标准平板、校准平尺或已加工过的配件）互相研合，通过显示剂显示出表面上的高点、次高点，然后用刮刀削掉高点、次高点。再互相研合，把又显示出的高点、次高点刮去，经反复多次研刮，从而使工件表面获得较高的几何形状精度和表面接触精度。

2. 刮削特点及作用

①在刮削过程中，工件表面多次受到具有负前角的刮刀的推挤和压光作用，使工件表面的组织变得紧密，并在表面产生加工硬化，从而提高了工件表面的硬度和耐磨性。

②刮削是间断的切削加工，具有切削量小、切削力小的特点，这样就可以避免工件在机械加工中的振动和受热、受力变形，提高了加工质量。

③刮削能消除高低不平的表面，减小表面粗糙度，提高表面接触精度，保证工件达到各种配合的要求。因此，它广泛应用于机床导轨等滑行面、滑动轴承的接触面、工具的工作表面及密封用配合表面等的加工和修理工作中。

④刮削后的工件表面，形成了比较均匀的微浅凹坑，具有良好的存油条件，从而可改善相对运动件之间的润滑状况。

（二）刮刀

刮刀是刮削的主要工具，有平面刮刀和曲面刮刀两类。

1. 平面刮刀

平面刮刀用于刮削平面和刮花，一般用 T12A 钢制成。当工件表面较硬时，也可以焊接高速钢或硬质合金刀头，刮刀头部形状和角度，如图 7-11 和图 7-12。

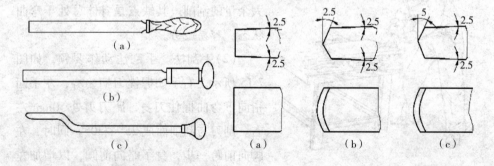

图 7-11　平面刮刀　　　　　图 7-12　刮刀头部形状和角度

2. 曲面刮刀

曲面刮刀用于刮削内曲面，常用的有三角刮刀、柳叶刮刀和蛇头刮刀，如图7-13所示。

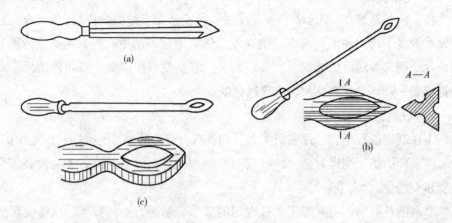

(a)

(b)

(c)

图7-13 曲面刮刀

六、拓展知识——平面刮削的姿势

刮削前首先要熟悉和掌握刮削操作的姿势，常用的平面刮削姿势有 2 种：挺刮法和手刮法。

（1）挺刮法。挺刮法动作要领，如图 7-14 所示。将刮刀柄顶在小腹右下侧肌肉外，双手握住刀身，左手距刀刃 80mm 左右。刮削时，利用腿力和臀部的力量将刮刀向前推进，双手对刮刀施加压力。在刮刀向前推进的瞬间，用右手引导刮刀前进的方向，随之左手立即将刮刀提起，这时刮刀便在工件表面上刮去一层金属，完成了挺刮的动作。

挺刮法的特点是施用全身力量，动作协调，用力大，每刀刮削量大，所以适合大余量的刮削。其缺点是身体总处于弯曲状态，容易疲劳。

（2）手刮法。手刮法动作要领，如图7-15 所示。右手如握锉刀柄姿势，左手四指向下弯曲握住刀身，距刀刃处 50mm 左右。刮刀与刮削面成 25°～30°。同时，左脚向前跨一步，身子略向前倾，以增加左手压力，也便于看清刮刀前面的研点情

图 7-14 挺刮法

况。刮削时，利用右臂和上身摆动向前推动刮刀，左手下压，同时引导刮刀方向，左手随着研点被刮削的同时，以刮刀的反弹作用迅速提起刀头，刀头提起高度约为 5 ~ 10mm，完成一个手刮动作。这种刮削方法动作灵活、适应性强，可用于各种位置的刮削，对刮刀长度要求不太严格。但手刮法的推、压和提起动作，都是靠两手臂的力量来完成，因此要求操作者有较大臂力。在刮削大面积工件时，一般都采用挺刮法刮削。

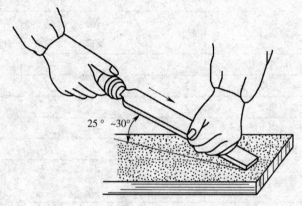

图 7-15 手刮法

综上所述，挺刮刮削量大，手刮灵活性大。可根据工件刮削面的大小和高低情况采用合适的刮法或混合使用，来完成刮削。

学习任务三 研磨 V 形铁

任务描述

V 形铁的形状和尺寸具有很高的稳定性，表面也具有很好的耐磨性。在本任务里，学生通过练习可以完成图 7-1 所示 V 形铁的研磨。

一、学习目标

1. 能够读懂零件图。

2. 学会正确使用研磨工具。

3. 学会研磨技巧。

4. 培养学生胆大心细的工作作风。

5. 培养学生的耐心。

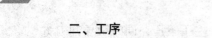

二、工序

在教师指导下完成图 7-1 的 V 形铁研磨工作。

三、评分标准

V 形铁研磨评分标准见表 7-7。

表 7-7 V 形铁研磨评分标准

一、实习规范

序号	检测项目	配分	评分标准	学生自评	小组互评	教师评价
1	工、量具摆放	1				
2	实习态度	2				
3	实习速度	2				
4	安全文明生产	5				

二、操作方法及步骤

序号	检测项目	配分	评分标准	学生自评	小组互评	教师评价
1	尺寸 $25 +_{0}^{0.033}$	12	超差不得分			
2	角度要求 $90° \pm 4'$	10	超差不得分			
3	角度要求 $120° \pm 4'$	10	超差不得分			
4	尺寸 $60 \pm 0.023\,mm$	5	超差不得分			
5	尺寸 $50 -_{0.039}^{0}\,mm$	5	超差不得分			
6	尺寸 $12 -_{0.027}^{0}\,mm$	5	超差不得分			
7	尺寸 $36 -_{0.039}^{0}\,mm$	5	超差不得分			
8	平行度 $0.03\,mm$	6	超差不得分			
9	各型面与 B 面的垂直度 $0.03\,mm$	10	超差不得分			
10	$4 - M6$	5	不符合要求不得分			
11	表面粗糙度 $Ra3.2\mu m$	7	超差扣 2 分			
12	尺寸 $48 \pm 0.15\,mm$	5	超差不得分			
13	表面粗糙度 $Ra0.4\mu m$	5	超差扣 2 分			

四、任务实施

1. 坯料准备

坯料：前面任务完成的半成品。

2. 工量具准备

V 形铁研磨工量具准备见表 7-8。

表7-8　V 形铁研磨工量具准备

序号	名称	规格	序号	名称	规格	序号	名称	规格
1	量块	0 级精度	6	90°角尺		11	塞规	
2	千分尺	0 ~ 25mm 25 ~ 50mm 50 ~ 75mm	7	游标卡尺	0 ~ 150mm	12	平板工作台	
3	量柱	Φ60 × 100	8	万能角度尺	0° ~ 320°	13	研磨剂	氧化物磨料
4	研磨平板		9	刀口形直尺	125mm	14	研磨液	机油
5	百分表及表座	0 ~ 0.8mm	10	粗糙度样板		15	毛刷	

3. 工艺过程

V 形铁研磨工艺过程见表7-9。

表7-9　V 形铁研磨工艺过程

步骤	加工内容	图示
1	精研、研磨基准面 B 及 B 的对面，保证粗糙度 Ra0.4μm，尺寸要求 $12^{0}_{-0.027}$mm	
2	粗研、精研 C 面及 C 的对面，D 面及 D 的对面，保证表面粗糙度 Ra0.4μm，尺寸要求 60 ± 0.023mm	
3	精研、研磨 I、H、J、K 面，保证表面粗糙度 Ra0.4μm，垂直度 0.03mm，并保证尺寸 28mm 和 38.11mm，角度为 90° ± 4′和 120° ± 4′	

续表

步骤	加工内容	图示
4	粗研、精研 K、M、N 面，保证表面粗糙度 Ra0.4μm，尺寸 $25 \, ^{+0.033}_{0}$，$36 \, ^{0}_{-0.039}$ mm	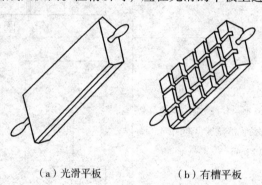

五、知识链接

（一）研磨平板

如图 7-16 所示，主要用来研磨平面，如研磨块规、精密量具的平面等，它分为有槽的和光滑的两种。有槽的研磨平板用于粗研，研磨时易将工件压平，可防止将研磨面磨成凸弧面。但精研时，应在光滑的平板上进行。

（a）光滑平板　　　　　　　（b）有槽平板

图 7-16　研磨平板

（二）研磨方法

研磨分为手工研磨和机械研磨两种。手工研磨时，要使工件表面各处都受到均匀的切削，应合理选用运动轨迹，这对提高研磨效率、工件表面质量和研具的耐用度都有直接影响。

（1）直线形研磨运动轨迹。图 7-17a 所示为直线形研磨运动轨迹，由于直线运动的轨迹不会交叉，容易重叠，使工件难以获得较小的表面粗糙度，但可获得较高的几何精度，常用于窄长平面或窄长台阶平面的研磨。

(2)摆动式直线形研磨运动轨迹。图 7-17b 所示为摆动式直线形研磨运动轨迹，工件在直线往复运动的同时进行左右摆动，常用于研磨直线度要求高的窄长刀口形工件，如刀口尺、刀口直角尺及样板角尺测量刃口等的研磨。

(3)螺旋形研磨运动轨迹。图 7-18c 所示为螺旋形研磨运动轨迹，适用于研磨圆片形或圆柱形工件的表面，如研磨千分尺的测量面等，可获得较高的平面度和较小的表面粗糙度。

(4)8 字形研磨运动轨迹。图 7-18d 所示为 8 字形研磨运动轨迹，这种运动能使研磨表面保持均匀接触，有利于提高工件的研磨质量，使研具均匀磨损，适于小平面工件的研磨和研磨平板的修整。

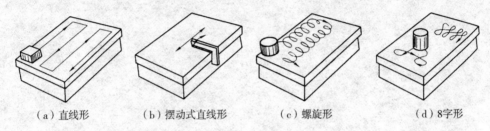

（a）直线形　　　（b）摆动式直线形　　　（c）螺旋形　　　（d）8字形

图 7-17 研磨运动轨迹

(三)磨料剂

研磨剂是由磨料和研磨液调和而成的混合剂。磨料是一种粒度很小的粉状硬质材料，在研磨中起切削作用，研磨加工的效率和精度都与磨料有直接的关系。常用的磨料一般有以下 3 类。

1. 氧化物磨料

常用的氧化物磨料有氧化铝(白刚玉)和氧化铬等，有粉状和块状两种。它具有较高的硬度和较好的韧性，主要用于碳素工具钢、合金工具钢、高速钢和铸铁工件的研磨，也可用于研磨铜、铝等各种有色金属。

2. 碳化物磨料

碳化物磨料呈粉状，常见的有碳化硅、碳化硼，它的硬度高于氧化物磨料，除用于一般钢铁制件的研磨外，主要用来研磨硬质合金、陶瓷和硬铬之类的高硬度工件。

3. 金刚石磨料

金刚石磨料有人造和天然两种，其切削能力、硬度比氧化物磨料和碳化物磨料都高，研磨质量也好。但由于价格昂贵，一般只用于特硬材料的研磨，如硬质合金、硬铬、陶瓷和宝石等高硬度材料的精研磨加工。

下篇

机构产品的制作

学习情境八　相框架制作

项目描述

通过与合作企业的走访交流，从中获得了一些实物案例和案例图纸。包括企业兼职教师在内的课程开发团队通过对这些企业案例的分析，以加工方式为主线，设计了"车床、钳工加工方法组合"、"铣床、钳工加工方法组合"以及"多种加工方法组合"三个学习单元。本项目的设计是"车、钳制作为主的装配体"项目。通过对企业案例精心的筛选，选择了相框架案例进行教学改造设计，作为项目载体用于学习单元的教学，学生制作的本课程项目载体实物图展示见图8-1。相框架加工零件图如图8-2。

图 8-1　相框架实物图

项目能力目标

1. 正确的使用和维护保养常用设备，懂得常用工具、量具、夹具的结构，熟练掌握其使用、调整和维护保养的方法。

2. 掌握钳工工作中的基本操作技能及相关理论知识，并能合理选择切削用量，能根据工件的技术要求编制加工工艺，文明生产。

3. 能够利用所学知识，制作相框架。

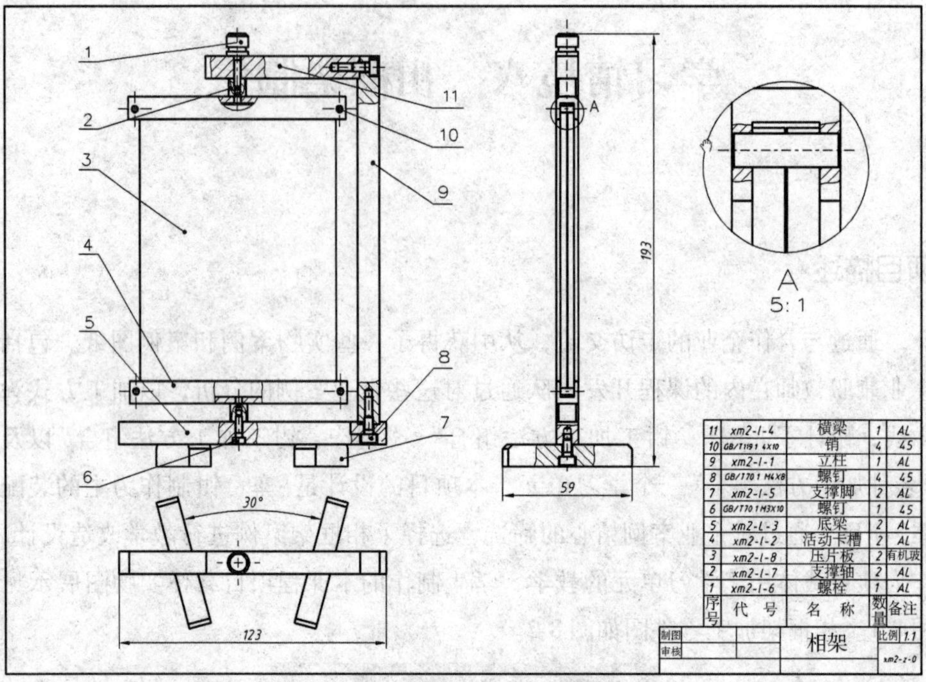
1
2
3
4
5
6
7
8
9
10
11
A
193
A
5:1
59
30°
123

序号	代号	名称	数量	备注
11	xm2-l-4	横梁	1	AL
10	GB/T119 1 4X10	销	4	45
9	xm2-l-1	立柱	1	AL
8	GB/T70 1 M4X8	螺钉	4	45
7	xm2-l-5	支撑脚	2	AL
6	GB/T70 1 M3X10	螺钉	1	45
5	xm2-L-3	底梁	2	AL
4	xm2-l-2	活动卡槽	2	AL
3	xm2-l-8	压片板	2	有机玻
2	xm2-l-7	支撑轴	2	AL
1	xm2-l-6	螺栓	1	AL

制图
审核
相架
比例 1.1
xm2-z-0

图 8-2　相框架加工零件图

学习任务一　底梁制作

一、学习目标

1. 掌握钻孔方法。
2. 掌握攻丝方法。
3. 加工工艺路线的拟定。
4. 安全文明生产。

二、工作任务

按图 8-3 要求加工底梁(实物如图 8-4)。毛坯：铝棒 2A12-H112，该零件装配相框架的底部，零件尺寸精度达 IT10 级，表面粗糙度值为 Ra3. 2μm 精度要求。

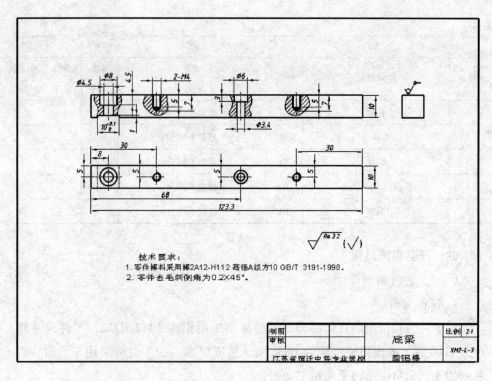

图 8-3　底梁零件图

图 8-4　底梁实物图

三、评分标准

底梁评分标准见表 8-1。

表 8-1　底梁评分标准

一、实习规范

序号	检测项目	配分	评分标准	学生自评	小组互评	教师评价
1	工、量具摆放	3				
2	实习态度	5				
3	实习速度	2				
4	安全文明生产	10				

二、加工结果

序号	检测项目	配分	评分标准	学生自评	小组互评	教师评价
1	长度	20	超差不得分			
2	孔	30	超差不得分			
3	螺纹	10	超差不得分			
4	粗糙度 Ra3.2μm	10	超差不得分			
5	倒角	10	超差不得分			

四、任务实施过程

（一）工艺分析与设计

1. 零件分析

该零件为相框架的底梁部分，零件棒料采用铝棒 2A12-H112，零件尺寸精度达 IT10 级，表面粗糙度值为 Ra3.2μm 精度要求，加工时可采用车、钳、铣共同加工，也可以单独采用钳工加工。

2. 制定加工工艺规程

根据零件分析结果，制定工艺规程如下：

（1）钳工画线，画线高度 127mm，锯弓下料，保证长度 127±1mm。

（2）钳工锉端面，保证尺寸 125mm，锐边倒角 0.2×45°。

（3）钳工画线，画线保证长度 123.3mm，锉另一端面，保证长度 123mm，锐边倒角 0.2×45°。

（4）钳工钻孔位置画线，样冲冲点。

钻 Φ1.5 中心孔，钻 Φ4.5 的通孔，沉 Φ8 的孔，深 4.5mm。

钻 Φ1.5 中心孔、钻 Φ3.3 的孔，深 7mm，2 处。

钻 Φ1.5 中心孔、钻 Φ3.4 的通孔，沉 Φ6 的孔，深 3mm。

孔口倒角 0.2×45°。

（5）钳工锉槽，保证槽宽 10mm，上差 +0.1mm，下差 0，深 1mm。

（6）钳工。攻丝 M4，深 5mm，2 处。

（7）按图检验。

3. 选择夹具

（1）选择台虎钳，用于锉端面、钻孔，锐边倒角，攻丝。

（2）选择平口钳，用于钻孔、铣槽。

（二）零件加工

按工艺规程要求加工零件。

学习任务二　横梁制作

一、学习目标

1. 掌握钻孔方法。

2. 掌握攻丝方法。

3. 加工工艺路线的拟定。

4. 安全文明生产。

二、工作任务

按图 8-5 要求加工横梁（实物见图 8-6）。毛坯：铝棒 2A12-H112，零件尺寸精度达 IT10 级，表面粗糙度值为 Ra3.2μm 精度要求。

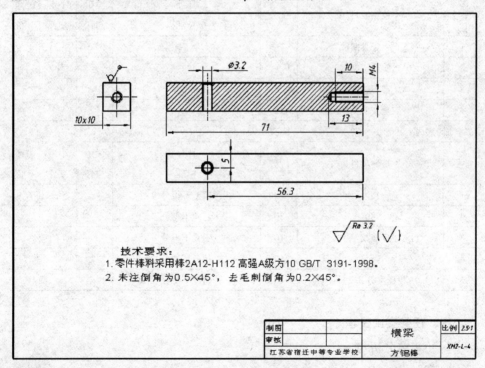

图 8-5　零件图

图 8-6　实物图

三、评分标准

横梁制作评分标准见表 8-2。

表 8-2　横梁制作评分标准

一、实习规范

序号	检测项目	配分	评分标准	学生自评	小组互评	教师评价
1	工、量具摆放	3				
2	实习态度	5			1	
3	实习速度	2				
4	安全文明生产	10				

二、加工结果

序号	检测项目	配分	评分标准	学生自评	小组互评	教师评价
1	长度	20	超差不得分			
2	孔	30	超差不得分			
3	螺纹	10	超差不得分			
4	倒角	10	超差不得分			
5	粗糙度 Ra3.2μm	10	超差不得分			

四、任务实施过程

（一）工艺分析与设计

1. 零件分析

该零件为棒料，采用铝棒 2A12-H112，零件尺寸精度达 IT10 级，表面粗糙度值为 Ra3.2μm 精度要求，加工时可采用车、钳、铣共同加工，也可以单独采用钳工加工。

2. 制定加工工艺规程

根据零件分析结果，制定工艺规程如下。

(1)钳工画线，画线高度75mm，锯弓下料，保证长度75±1mm。

(2)钳工锉端面，保证尺寸73mm，锐边倒角0.2×45°。

(3)钳工画线，画线保证长度71mm，锉另一端面，保证长度71mm，锐边倒角0.2×45°。

(4)钳工钻孔位置画线，样冲冲点。

钻Φ1.5中心孔，钻Φ3.2的通孔孔口倒角0.5×45°。

钻Φ1.5中心孔、钻Φ3.3的孔，深13mm。

其余孔口倒角0.2×45°。

(5)钳工攻螺纹M4，深10mm。

(6)按图检验。

3. 选择夹具

(1)选择台虎钳，用于锉端面、钻孔，锐边倒角，攻丝。

(2)选择平口钳，用于钻孔、铣槽。

(二)零件加工

按工艺规程要求加工零件。

学习任务三 制作活动卡槽

一、学习目标

1. 掌握钻孔方法。

2. 掌握铰孔方法。

3. 加工工艺路线的拟定。

4. 安全文明生产。

二、工作任务

按图8-7要求加工活动卡槽(实物见图8-8)。毛坯：铝棒2A12-H112，零件尺寸精度达IT10级，表面粗糙度值为Ra3.2μm精度要求。

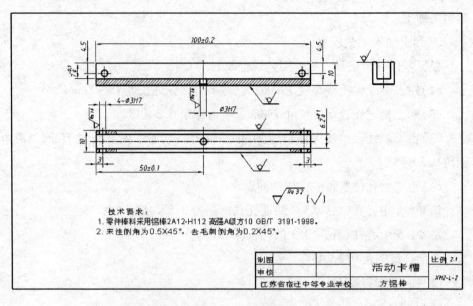

图 8-7　零件图

图 8-8　实物图

三、评分标准

活动卡槽评分标准见表8-3。

表 8-3　活动卡槽评分标准

一、实习规范

序号	检测项目	配分	评分标准	学生自评	小组互评	教师评价
1	工、量具摆放	3				
2	实习态度	5				
3	实习速度	2				
4	安全文明生产	10				

二、加工结果

序号	检测项目	配分	评分标准	学生自评	小组互评	教师评价
1	长度	20	超差不得分			
2	孔	20	超差不得分			
3	槽	20	超差不得分			
4	粗糙度 Ra3.2μm	10	超差不得分			
5	倒角	10	超差不得分			

四、任务实施过程

（一）工艺分析与设计

1. 零件分析

该零件为相框架的活动卡槽部分，零件棒料采用铝棒 2A12-H112，零件尺寸精度达 IT10 级，表面粗糙度值为 Ra3.2μm 精度要求，加工时可采用车、钳、铣共同加工完成。

2. 制定加工工艺规程

根据零件分析结果，制定工艺规程如下：

（1）车工。车端面，切断工件，保证长度大于 101mm；掉头车端面，工件保证长度大于 100±0.2mm。

（2）钳工。锐边倒角 0.2×45°。

（3）铣钻。Φ1.5 中心孔，2 处，钻 2.9mm 通孔，2 处；倒角 0.5×45°。铣削槽，保证宽 6.2mm，上差 +0.1mm，下差 0，深 7mm，上差 +0.1mm，下差 0。

（4）钳工。钻床铰孔，保证直径为 Φ3H7，两处。

（5）按图检验。

3. 选择夹具

（1）选择台虎钳，用于钻孔，锐边倒角。

（2）选择平口钳，用于钻孔、铰孔。

（3）选择三爪卡盘，用于车端面，切断。

（二）零件加工

按工艺规程要求加工零件。

学习任务四　制作立柱

一、学习目标

1. 掌握钻孔方法。

2. 掌握攻丝方法。

3. 加工工艺路线的拟定。

4. 安全文明生产。

二、工作任务

按图 8-9 要求加工立柱（实物见图 8-10）。毛坯：铝棒 2A12-H112，零件尺寸精度达 IT10 级，表面粗糙度值为 Ra3.2μm 精度要求。

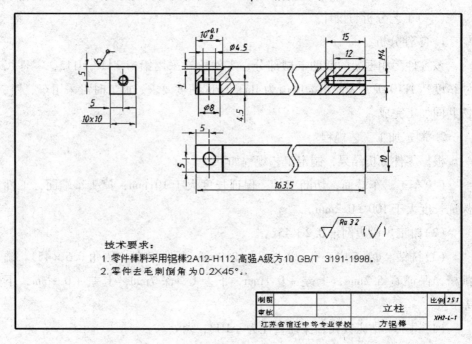

技术要求：
1. 零件棒料采用铝棒2A12-H112高强A级方10 GB/T 3191-1998。
2. 零件去毛刺倒角为0.2×45°。

制图			立柱	比例 2:5:1
审核				XH2-L-1
江苏省宿迁中等专业学校		方铝棒		

图8-9　零件图

图8-10　实物图

三、评分标准

立柱评分标准见表8-4。

表8-4　立柱评分标准

一、实习规范

序号	检测项目	配分	评分标准	学生自评	小组互评	教师评价
1	工、量具摆放	3				
2	实习态度	5				
3	实习速度	2				
4	安全文明生产	10				

二、加工结果

序号	检测项目	配分	评分标准	学生自评	小组互评	教师评价
1	长度	20	超差不得分			
2	孔	20	超差不得分			
3	螺纹	20	超差不得分			
4	粗糙度 Ra3.2μm	10	超差不得分			
5	倒角	10	超差不得分			

四、任务实施过程

（一）工艺分析与设计

1. 零件分析

该零件为相框架的立柱部分，零件棒料采用铝棒 2A12-H112，零件尺寸精度达 IT10 级，表面粗糙度值为 Ra3.2μm 精度要求，加工时可采用车、钳、铣共同加工完成，也可以钳工单独完成。

2. 制定加工工艺规程

根据零件分析结果，制定工艺规程如下：

（1）钳工。画线，画线高度 167mm，锯弓下料，保证长度 167±1mm。

（2）钳工。锉端面，保证尺寸 165mm，锐边倒角 0.2×45°。

（3）钳工。画线，画线保证长度 163.5mm，锉另一端面，保证长度 163.5mm，锐边倒角 0.2×45°。

（4）钳工。钻孔位置画线，样冲冲点。

钻 $\phi1.5$ 中心孔，钻 $\phi4.5$ 的通孔，钻 $\phi8$ 的孔，深 4.5mm。

钻 $\phi1.5$ 中心孔、钻 $\phi3.3$ 的孔，深 15mm。

孔口倒角 0.2×45°。

（5）钳工。锉台阶，保证宽 10mm，上差 +0.1mm，下差 0，深 1mm。

（6）按图检验。

3. 选择夹具

（1）选择台虎钳，用于画线、锉削、钻孔，锐边倒角。

（2）选择平口钳，用于钻孔、攻螺纹。

（二）零件加工

按工艺规程要求加工零件。

学习任务五　制作螺杆

一、学习目标

1. 掌握车削方法。

2. 掌握套螺纹方法。

3. 加工工艺路线的拟定。

4. 安全文明生产。

二、工作任务

按图 8-11 要求加工螺杆（实物见图 8-12）。毛坯：铝棒 2A12-H112，零件尺寸精度达 IT10 级，表面粗糙度值为 Ra3.2μm 精度要求。

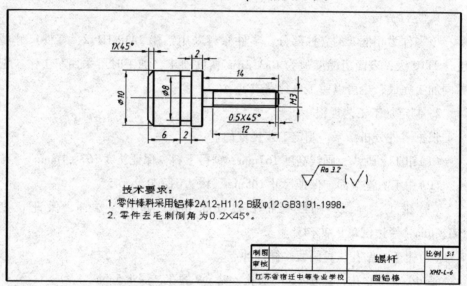

图 8-11　零件图

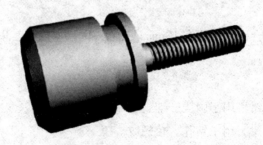

图 8-12　实物图

三、评分标准

螺杆评分标准见表8-5。

表8-5 螺杆评分标准

一、实习规范

序号	检测项目	配分	评分标准	学生自评	小组互评	教师评价
1	工、量具摆放	3				
2	实习态度	5				
3	实习速度	2				
4	安全文明生产	10				

二、加工结果

序号	检测项目	配分	评分标准	学生自评	小组互评	教师评价
1	长度	20	超差不得分			
2	槽	20	超差不得分			
3	螺纹	20	超差不得分			
4	粗糙度 Ra3.2μm	10	超差不得分			
5	倒角	10	超差不得分			

四、任务实施过程

（一）工艺分析与设计

1. 零件分析

该零件为相框架的螺杆部分，零件材料采用铝棒 2A12-H112，零件尺寸精度达 IT10 级，表面粗糙度值为 Ra3.2μm 精度要求，加工时可采用车、钳工共同加工完成。

2. 制定加工工艺规程

根据零件分析结果，制定工艺规程如下：

（1）车工。车端面，车外圆，保证直径为 3mm，长度 13mm。倒角 0.5×45°。边倒角 0.2×45°。切槽，保证直径 8mm，宽 2mm，位置尺寸。切断，保证零件长度大于 24mm。掉头车端面，保证长度尺寸 6mm。倒角 1×45°。

（2）钳工。套丝 M3，保证螺纹长度为 12mm。

（3）按图检验。

3. 选择夹具

（1）选择台虎钳，用于套丝。

（2）选择三爪卡盘，用于车削、切断、倒角。

（二）零件加工

按工艺规程要求加工零件。

学习任务六　制作压片板

一、学习目标

1. 熟练锉削。

2. 加工工艺路线的拟定。

3. 了解装配相关知识。

4. 安全文明生产。

二、工作任务

按图 8-13 要求加工压片板（实物见图 8-14）。毛坯：有机玻璃，表面粗糙度值为 Ra3.2μm 精度要求。

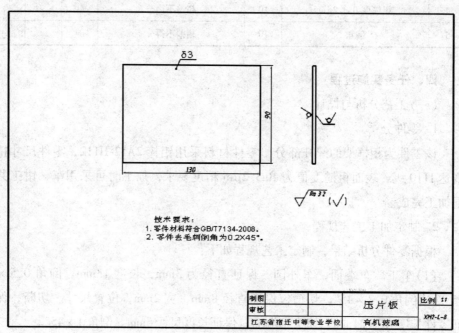

图 8-13　零件图

图 8-14 实物图

三、评分标准

压片板评分标准见表8-6。

表 8-6 压片板评分标准

一、实习规范

序号	检测项目	配分	评分标准	学生自评	小组互评	教师评价
1	工、量具摆放	3				
2	实习态度	5				
3	实习速度	2				
4	安全文明生产	10				

二、加工结果

序号	检测项目	配分	评分标准	学生自评	小组互评	教师评价
1	长度	35	超差不得分			
2	宽度	35	超差不得分			
3	粗糙度 Ra3.2μm	10	超差不得分			

四、任务实施过程

（一）工艺分析与设计

1. 零件分析

该零件为相框架的压片板部分，零件材料采用有机玻璃，表面粗糙度值为 Ra3.2μm 精度要求，加工时可采用钳工加工完成。

2. 制定加工工艺规程

根据零件分析结果，制定工艺规程如下：

（1）钳工。下料，保证尺寸 92mm×132mm。锉两侧面，保证尺寸 90mm。锉另外两侧面，保存尺寸 130mm。

（2）按图检验。

3. 选择夹具

选择台虎钳，用于锉侧面。

（二）零件加工

按工艺规程要求加工零件。

学习任务七　制作支撑脚

一、学习目标

1. 掌握锉削方法。

2. 加工工艺路线的拟定。

3. 安全文明生产。

二、工作任务

按图 8-15 要求加工支撑脚（实物见图 8-16）。毛坯：铝棒 2A12-H112，零件尺寸精度达 IT10 级，表面粗糙度值为 Ra3.2μm 精度要求。

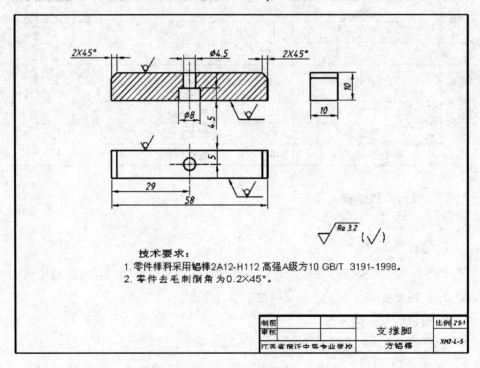

图 8-15　支撑脚零件图

图 8-16　实物图

三、评分标准

支撑脚评分标准见表 8-7。

表 8-7　支撑脚评分标准

一、实习规范

序号	检测项目	配分	评分标准	学生自评	小组互评	教师评价
1	工、量具摆放	3				
2	实习态度	5				
3	实习速度	2				
4	安全文明生产	10				

二、加工结果

序号	检测项目	配分	评分标准	学生自评	小组互评	教师评价
1	长度	20	超差不得分			
2	孔	30	超差不得分			
3	粗糙度 Ra3.2μm	20	超差不得分			
4	倒角	10	超差不得分			

四、任务实施过程

（一）工艺分析与设计

1. 零件分析

该零件为相框架的支撑脚部分，零件材料采用方铝棒 2A12-H112，零件尺寸精度达 IT10 级，表面粗糙度值为 Ra3.2μm 精度要求，加工时可采用车、钳

133

工、铣共同加工完成，也可单独采用钳工完成。

2. 制定加工工艺规程

根据零件分析结果，制定工艺规程如下：

(1)钳工。画线，画线高度62mm，锯弓下料，保证长度62±1mm。

(2)钳工。锉端面，保证尺寸60mm，锐边倒角0.2×45°。

(3)钳工。画线，画线保证长度58mm，锉另一端面，保证长度58mm，锐边倒角0.2×45°。

(4)钳工。钻孔位置画线，样冲冲点。钻 Φ1.5 中心孔，钻 Φ4.5 的通孔。钻 Φ4.5 中心孔、钻 Φ8 的沉孔，深4.5mm。孔口倒角0.2×45°。

(5)钳工。倒角位置画线，锉2×45°的倒角，2处。

(6)按图检验。

3. 选择夹具

选择台虎钳，用于画线、锉削、倒角等。

(二)零件加工

按工艺规程要求加工零件。

五、知识链接

(一)平面不平的形式和原因

平面不平的形式和原因见表8-8。

表8-8 平面不平的形式和原因

形式	产生原因
平面中凸	1. 锉削时双手的用力不能使锉刀保持平衡 2. 锉刀在开始推出时，右手压力太大，锉刀被压下；锉刀推向前面时，左手压力太大，锉刀被压下，形成前、后多锉 3. 锉削姿势不正确 4. 锉刀本身中凹
对角扭曲或塌角	1. 左手或右手施加压力时重心偏向锉刀的一侧 2. 工件未夹正确 3. 锉刀本身扭曲
平面横向中凸或中凹	1. 锉刀在锉削时左右移动不均匀

(二)两锉削平面不平行的形式和原因

两锉削平面不平行的形式和原因见表8-9。

表 8-9　两锉削平面不平行的形式和原因

形式	产生原因
平面中凸	1. 锉削平面双手用力不能使锉刀保持平衡，出现平面不平，中间凸 2. 锉削姿势不正确 3. 锉刀本身中凹
两平面对角扭曲或 两头明显不平行	1. 左手或右手施加压力时重心偏向锉刀的一侧 2. 工件装夹不紧，装夹时出现倾斜 3. 工件装夹不紧，在锉削时工件移动

学习任务八　制作支撑轴

一、学习目标

1. 掌握钻孔方法。

2. 掌握铰孔方法。

3. 加工工艺路线的拟定。

4. 安全文明生产。

二、工作任务

按图 8-17 要求加工支撑轴（实物见图 8-18）。毛坯：铝棒 2A12-H112，零件尺寸精度达 IT10 级，表面粗糙度值为 Ra3.2μm 精度要求。

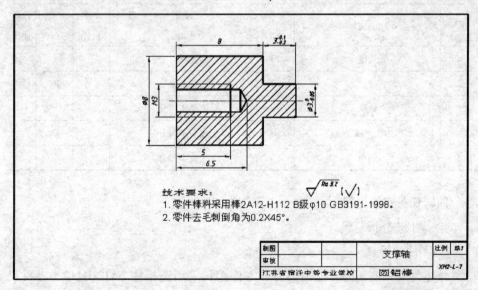

图 8-17　零件图

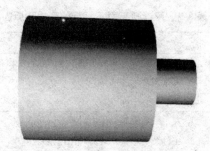

图 8-18　实物图

三、评分标准

支撑轴评分标准见表 8-10。

表 8-10　支撑轴评分标准

一、实习规范

序号	检测项目	配分	评分标准	学生自评	小组互评	教师评价
1	工、量具摆放	3				
2	实习态度	5				
3	实习速度	2				
4	安全文明生产	10				

二、加工结果

序号	检测项目	配分	评分标准	学生自评	小组互评	教师评价
1	长度	20	超差不得分			
2	孔	20	超差不得分			
3	螺纹	20	超差不得分			
4	粗糙度 Ra3.2μm	10	超差不得分			
5	倒角	10	超差不得分			

四、任务实施过程

（一）工艺分析与设计

1. 零件分析

该零件为相框架的支撑轴部分，零件棒料采用圆铝棒 2A12-H112，零件尺寸精度达 IT10 级，表面粗糙度值为 Ra3.2μm 精度要求，加工时可采用车、钳工共同加工完成。

2. 制定加工工艺规程

根据零件分析结果，制定工艺规程如下：

(1)车工。车端面，车外圆，保证直径为8mm，长15mm。

车外圆，保证直径为3mm，上差0，下差－0.05mm；长3mm，上差－0.01mm，下差－0.02mm。锐边去毛刺倒角0.2×45°。切断，保证零件长度大于12mm。

(2)车工。掉头车端面，保证长度尺寸8mm。锐边去毛刺倒角0.2×45°。钻直径 Φ1.5 中心孔，钻直径 Φ2.5 螺纹底孔，深6.5mm。孔口去毛刺倒角0.2×45°。

(3)钳工。钳工攻丝，保证螺纹长度为5mm。

(4)按图检验。

3. 选择夹具

(1)选择台虎钳，用于攻丝。

(2)选择三爪卡盘，用于车端面，切断。

(二)零件加工

按工艺规程要求加工零件。

学习情境九　偏心机构制作

项目描述

　　偏心机构是曲柄做成偏心形状的四杆机构（加工零件如图 9-1，实物如图 9-2）。偏心机构多用来带动机械的开关。活门偏心轮就是指装在轴上的轮形零件，轴孔偏向一边，轴旋转时，轮的外缘推动另一机件产生往复运动。该零件也是机械加工中常见的典型零件之一，广泛用于剪床、冲床、内燃机、颚式破碎机等机械中。本项目主要学习锯、锉、打孔的加工方法，能正确进行偏心机构的装配及调试。

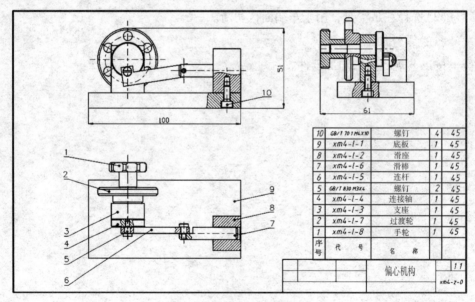

10	GB/T 70.1 M4×10	螺钉	4	45
9	xm4-1-1	底板	1	45
8	xm4-1-2	滑座	1	45
7	xm4-1-6	滑棒	1	45
6	xm4-1-5	连杆	1	45
5	GB/T 830 M3×4	螺钉	2	45
4	xm4-1-4	连接轴	1	45
3	xm4-1-3	支座	1	45
2	xm4-1-7	过渡轮	1	45
1	xm4-1-8	手轮	1	45
序号	代　号	名　称		

偏心机构　11
xm4-2-0

图 9-1　偏心机构零件图

图 9-2　偏心机构实物图

项目能力目标

1. 能正确使用锯、锉刀和打孔设备。
2. 掌握锉削技术。
3. 学会偏心机构零件的加工方法。

学习任务一　加工偏心机构底板

一、学习目标

1. 掌握锯削、锉削加工方法。
2. 掌握线性尺寸测量技术。
3. 理解锯削、锉削时站姿要点。

二、工作任务

按图 9-3 要求加工偏心机构底板。毛坯：45 钢 100mm×50mm×10mm 的方块料，该零件装配在偏心机构最底下，用于支撑偏心机构其他零部件。

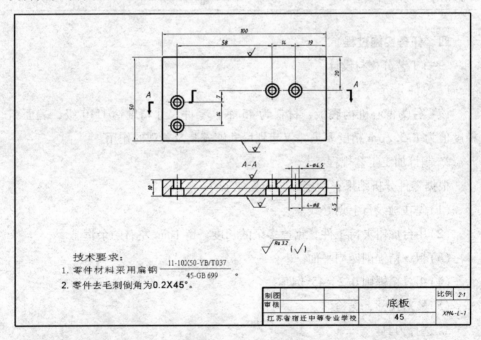

图 9-3　底板零件图

三、评分标准

底板评分标准见表 9-1。

表 9-1　底板评分标准

一、实习规范						
序号	检测项目	配分	评分标准	学生自评	小组互评	教师评价
1	工、量具摆放	3		一、实习规范		
序号	检测项目	配分	评分标准	学生自评	小组互评	教师评价
2	实习态度	5				
3	实习速度	2				
4	安全文明生产	10				
二、加工结果						
序号	检测项目	配分	评分标准	学生自评	小组互评	教师评价
1	100	25	超差不得分			
2	50	25	超差不得分			
3	粗糙度 Ra3.2μm	20	超差不得分			
4	去毛刺倒角	10	超差不得分			

四、任务实施过程

（一）工艺分析与设计

1. 零件分析

该零件为偏心机构底板，材料为 45 钢，零件尺寸精度达 IT10 级，表面粗糙度值为 Ra3.2μm 精度要求，仅起到尺寸够安装及美观的作用。

2. 制订加工工艺规程

根据零件分析结果，制定工艺规程如下：

（1）先在画线台上划好线。

（2）用台虎钳夹持工件，锯掉多余的长度，留 1mm 左右的余量。

（3）粗、精锉削四周平面。

（4）粗、精锉削 0.2×45°倒角。

（5）核对尺寸，送检。

3. 选择刀具

（1）选择普通锯条。

（2）选择粗、精加工锉刀。

（二）零件加工

按工艺规程要求加工零件。

学习任务二　加工滑座

一、学习目标

1. 掌握钻孔的加工技术。

2. 掌握螺纹孔的加工技术。

3. 掌握螺纹孔的尺寸测量技术。

二、工作任务

按图 9-4 要求加工滑座。毛坯：45 钢，22mm × 28mm × 18mm 的方块料（已备好），该零件为偏心机构中滑座，需要在四棱柱的中心钻一个 $\Phi8H7$ 通孔，在前面上加工两个螺纹盲孔。

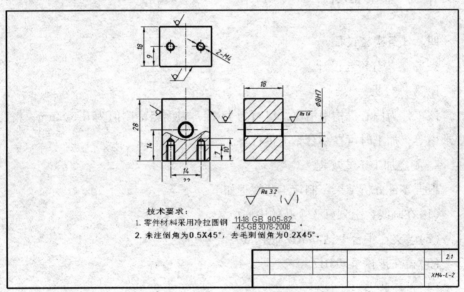

图 9-4　滑座

三、评分标准

滑座评分标准见表 9-2。

表 9-2　滑座评分标准

一、实习规范

序号	检测项目	配分	评分标准	学生自评	小组互评	教师评价
1	工、量具摆放	3				

续表

一、实习规范

序号	检测项目	配分	评分标准	学生自评	小组互评	教师评价
2	实习态度	5				
3	实习速度	2				
4	安全文明生产	10				

二、加工结果

序号	检测项目	配分	评分标准	学生自评	小组互评	教师评价
1	$\Phi 8H7$	25	超差不得分			
2	2 – M4	30	超差不得分			
6	倒角	5	超差不得分			
7	粗糙度 Ra3.2μm	20	超差不得分			

四、任务实施过程

（一）工艺分析与设计

1. 零件分析

该零件为偏心机构中滑座，材料为 45 钢，表面粗糙度值为 Ra3.2μm，精度要求中等，加工时可在小台钻上进行。

2. 制定加工工艺规程

根据零件分析结果，制定工艺规程如下：

（1）在画线台上划好 3 个孔的中心位置。

（2）装夹在小台上钻 $\Phi 8H7$ 底孔 $\Phi 7.5$。

（3）再在扩孔至 $\Phi 8H7$。

（4）重新装夹。

（5）先钻 2 – M4 的螺纹底孔为 $\Phi 3.5$。

（6）用 $\Phi 4$ 的钻头钻两个螺纹孔。

（7）核对尺寸，送检。

3. 选择刀具

$\Phi 7.5$、$\Phi 8$、$\Phi 3.5$ 的钻头各一把，$\Phi 4$ 丝攻一把。

（二）零件加工

按工艺规程要求加工零件。

学习任务三 加工支座

一、学习目标

1. 掌握钻孔的加工技术。

2. 掌握螺纹孔的加工技术。

3. 掌握螺纹孔的尺寸测量技术。

二、工作任务

按图9-5要求加工支座。毛坯：45钢棒料，该零件为支座，起支撑载荷作用。

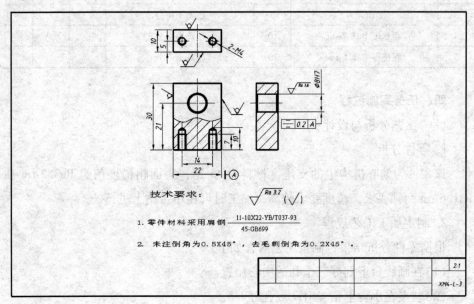

图9-5 支座

三、评分标准

支座评分标准见表9-3。

表9-3 支座评分标准

一、实习规范

序号	检测项目	配分	评分标准	学生自评	小组互评	教师评价
1	工、量具摆放	3				
2	实习态度	5				

续表

一、实习规范

序号	检测项目	配分	评分标准	学生自评	小组互评	教师评价
3	实习速度	2				
4	安全文明生产	10				

二、加工结果

序号	检测项目	配分	评分标准	学生自评	小组互评	教师评价
1	$\Phi8H7$	25	超差不得分			
2	2 – M4	30	超差不得分			
3	倒角	5	超差不得分			
4	粗糙度 Ra3.2μm	10	超差不得分			
5	粗糙度 Ra1.6μm	10	超差不得分			

四、任务实施过程

(一)工艺分析与设计

1. 零件分析

该零件为偏心机构中的支座,材料为 45 钢,表面粗糙度值为 Ra3.2μm 和 Ra1.6μm 两种要求,精度要求较高,加工时可在小台钻上进行。

2. 制定加工工艺规程

根据零件分析结果,制定工艺规程如下:

(1)在画线台上划好三个孔的中心位置。

(2)装夹在小台上钻 $\Phi8H7$ 底孔 $\Phi7.5$。

(3)再在扩孔至 $\Phi8H7$。

(4)重新装夹。

(5)先钻 2 – M4 的螺纹底孔为 $\Phi3.5$。

(6)用 $\Phi4$ 的钻头钻两个螺纹孔。

(7)核对尺寸,送检。

3. 选择刀具

$\Phi7.5$、$\Phi8$、$\Phi3.5$ 的钻头各一把,$\Phi4$ 丝攻一把。

(二)零件加工

按工艺规程要求加工零件。

学习任务四 加工连杆

一、学习目标

1. 直角锯削加工技术。

2. 掌握大平面锉削技术。

二、工作任务

按图9-6要求加工偏心机构中的连杆。毛坯：45钢，44mm×4mm×12mm，该零件为偏心机构中的连杆，起连接作用，精度要求较高。

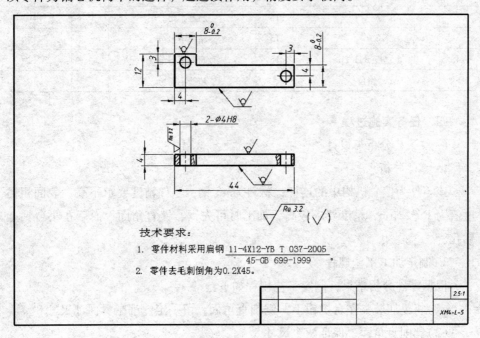

图9-6 连杆零件图

三、评分标准

连杆评分标准见表9-4。

表9-4 连杆评分标准

一、实习规范

序号	检测项目	配分	评分标准	学生自评	小组互评	教师评价
1	工、量具摆放	3				
2	实习态度	5				

续表

一、实习规范

序号	检测项目	配分	评分标准	学生自评	小组互评	教师评价
3	实习速度	2				
4	安全文明生产	10				

二、加工结果

序号	检测项目	配分	评分标准	学生自评	小组互评	教师评价
1	$2-\Phi4H8$	30	超差不得分			
2	$8_{-0.2}^{0}$	15	超差不得分			
3	$8_{-0.2}^{0}$	15	超差不得分			
4	粗糙度 Ra3.2μm	15	超差不得分			
5	倒角	5	超差不得分			

四、任务实施过程

(一)工艺分析与设计

1. 零件分析

该零件为偏心机构中的连杆，材料为45钢，零件精度要求不高，表面粗糙度值为 Ra3.2μm，精度要求较高，加工时可先锯、锉直角面，而后在小台钻上钻孔。

2. 制定加工工艺规程

根据零件分析结果，制定工艺规程如下：

(1)将毛坯装夹在台虎钳上，锯削直角面，留一定锉削余量保证尺寸 $8_{-0.2}^{0}$。

(2)锉削直角面，保证两个尺寸 $8_{-0.2}^{0}$。

(3)在画线台上划好两个孔的中心。

(4)在小台钻上钻 $2-\Phi4H8$ 的底孔，$\Phi3.5$ 通孔。

(5)用铰刀铰孔至 $2-\Phi4H8$。

(6)核对尺寸，送检。

3. 选择刀具

选择锯子一把，锯条若干，粗、精加工锉刀各一把，$\Phi3.5$ 钻头一把，$\Phi4H8$ 级铰刀一把。

(二)零件加工

按工艺规程要求加工零件。

学习任务五 加工滑棒

一、学习目标

1. 掌握车圆柱面的加工方法。

2. 掌握圆柱面的测量技术。

3. 掌握 V 型槽的使用方法。

二、工作任务

按图 9-7 要求加工偏心机构中的滑棒。毛坯：Φ10 的圆棒料，该零件装配在滑座与连杆之间，用于调整连杆的运动。

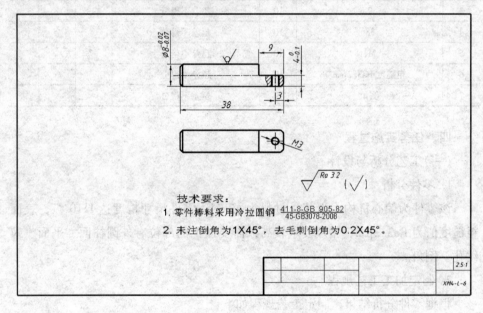

技术要求：

1. 零件棒料采用冷拉圆钢 411-8-GB 905-82 / 45-GB3078-2008

2. 未注倒角为1X45°，去毛刺倒角为0.2X45°。

图 9-7 滑棒零件图

三、评分标准

滑棒评分标准见表 9-5。

表 9-5 滑棒评分标准

一、实习规范

序号	检测项目	配分	评分标准	学生自评	小组互评	教师评价
1	工、量具摆放	3				

续表

一、实习规范

序号	检测项目	配分	评分标准	学生自评	小组互评	教师评价
2	实习态度	5				
3	实习速度	2				
4	安全文明生产	10				

二、加工结果

序号	检测项目	配分	评分标准	学生自评	小组互评	教师评价
1	$\Phi 8_{-0.07}^{-0.02}$	20	超差不得分			
2	$4_{-0.1}^{0}$	15	超差不得分			
3	9	10	超差不得分			
4	38	10	超差不得分			
5	M3	10	超差不得分			
6	粗糙度 Ra3.2μm	10	超差不得分			
7	倒角	5	超差不得分			

四、任务实施过程

（一）工艺分析与设计

1. 零件分析

该零件为偏心机构中滑棒，材料为 45 钢，零件尺寸精度达 IT10 级，表面粗糙度值为 Ra3.2μm，精度要求较高，需要加工的部位有外圆柱面、平面、螺纹孔、倒角。

2. 制定加工工艺规程

根据零件分析结果，制定工艺规程如下：

（1）用三爪卡盘直接夹持工件，伸出长度不小于 50mm（4 件）。

（2）车右端面。

（3）粗、精车外圆柱面保证尺寸 $\Phi 8_{-0.07}^{-0.02}$，并倒角 C1。

（4）切断，留余量 0.5mmm。

（5）调头、车端面保证总长 38，并倒角 C1。

（6）用 V 型槽装夹工件，锯直角面，保证尺寸 9 和 $4_{-0.1}^{0}$。

（7）在小台钻上钻螺纹底孔 $\Phi 2.5$。

（8）攻螺纹孔 M3。

（9）核对尺寸，送检。

3. 选择刀具

（1）选择 90°外圆车刀，粗、精加工端面、外圆和倒角 C1。

（2）选择锯子一把，锯条若干，锯直角平面。

（3）选择粗、精锉刀各一把，锉削直角平面。

（4）麻花钻 $\Phi 2.5$ 钻螺纹底孔。

（5）丝攻 $\Phi 3$ 一把，攻 M3 螺纹。

（二）零件加工

按工艺规程要求加工零件。

五、知识链接

（一）90°外圆车刀

外圆车刀的主切削刃与工件轴线的夹角是 90°，即为 90°车刀，简称偏刀，按进给方向不同分为左偏刀和右偏刀两种，一般常用右偏刀。右偏刀，由右向左进给。用来车削工件的外圆、端面和右台阶。它主偏角较大，车削外圆时作用于工件的径向力小，不易出现将工件顶弯的现象。一般用于半精加工。

左偏刀，由左向右进给。用于车削工件外圆和左台阶，也用于车削外径较大而长度短的零件（盘类零件）的端面。

90°外圆车刀几何角度有：前角、后角、主偏角、副偏角、刀尖角、刃倾角

前角是切削的主要角度，前角越大，刀子就越锐利，切起来越省力，但前角太大会影响刀刃的强度。

后角是为了减少刀具与工件的摩擦，后角越大，摩擦愈小，但后角过大时则影响刀具的强度。

主偏角是在基面与进给方向之间的夹角，它能改变径向切削力与轴向切削力的比例。

副偏角是副切削刃在基面上的投影和进给方向之间的夹角，它影响已加工表面的光洁度，并能减少副切削刃与工件的摩擦刀尖角；主切削刃与副切削刃在基面上投影之间的夹角，影响刀尖强度及散热性能；刃倾角是在切削平面内主刀刃和基面的夹角，它影响切屑的流出方向及刀尖的强度。

90°外圆车刀的安装：刀尖应与工件中心等高，刀杆轴线应与走刀方向垂直，车刀伸出刀架的长度不超过刀杆厚度的 1.5~2 倍，至少用两个螺钉压紧（刀尖高出工件大约 1~2mm，刀具不要和工件垂直，阻力大时刀具稍微向后倾斜减小阻力，车刀伸出越少越好，刀杆不要太弱至少用两个螺钉压紧）。

（二）车外圆柱面的关键技术

调整机床→安装车刀→安装工件→启动电机→主轴正传→对刀→大滑板退刀→中滑板进刀→大滑板进给试切→大滑板退刀→主轴停转→关闭电机→用游标卡尺测量直径→微调中滑板进给量→启动电机→主轴正传→移动大滑板使车刀主切削刃接触工件端面→大滑板移动停止→记下大滑板刻度数→手动大滑板切削并用大滑板刻度监控车刀移动 10mm→中滑板退刀（刀尖离开工件即可）→大滑板。

（三）容易发生的问题和注意事项

第一，刀尖不对准工件旋转中心，工件平面车不平（偏高或偏低），留有凸头，很可能碎裂刀尖。

第二，平面不平有凹凸，产生原因是切削深度太大、车刀磨损、大滑板（或小滑板）移动、刀架和车刀紧固力不足。

第三，车外圆产生锥度的原因有以下几种。

（1）用小滑板手动进给车外圆时，小滑板导轨与主轴轴线不平行。

（2）车速过高，在车削过程中车刀磨损。

（3）摇动中滑板切削时没有消除空行程（即丝杠与杠母之间的间隙）。

第四，车削表面的痕迹粗细不一，主要是手动进给不均匀。

第五，主轴箱变速时，应先停车，否则容易打坏主轴箱内的齿轮。

第六，车削时应先开车，后进刀，切削完毕时先退刀后停车，否则车刀容易损坏。

第七，车铸铁毛坯时，由于表面氧化皮较硬，要求尽可能一刀车掉，否则车刀容易磨损。

第八，用手动进给车削时，应把有关进给手柄放在空挡位置。

第九，调头装夹工件时，最好垫铜皮，以防夹坏工件。

第十，车削前应检查滑板位置是否正确，工件装夹是否牢靠，卡盘扳手是否取下。

学习任务六　加工手轮

一、学习目标

1. 掌握铣削的加工技术。

2. 掌握螺纹孔和台阶长度的尺寸测量技术。

150

二、工作任务

按图9-8要求加工手轮。毛坯：Φ30冷拉圆钢，该零件为偏心机构中的手轮，贴上刻度牌后用于控制偏心机构进给深度。

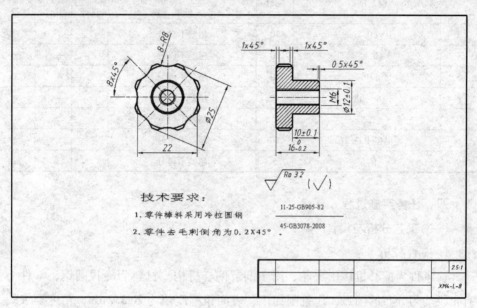

图9-8 手轮零件图

三、评分标准

手轮评分标准见表9-6。

表9-6 手轮评分标准

一、实习规范

序号	检测项目	配分	评分标准	学生自评	小组互评	教师评价
1	工、量具摆放	3				
2	实习态度	5				
3	实习速度	2				
4	安全文明生产	10				

二、加工结果

序号	检测项目	配分	评分标准	学生自评	小组互评	教师评价
1	Φ12±0.1mm	20	超差不得分			
2	Φ25mm	5	超差不得分			

续表

二、加工结果

序号	检测项目	配分	评分标准	学生自评	小组互评	教师评价
3	10 ± 0.1mm	10	超差不得分			
4	$16 _{-0.2}^{0}$	10	超差不得分			
5	M6	10	超差不得分			
6	8 – R8	8	超差不得分			
7	22	2	超差不得分			
8	粗糙度 Ra3.2μm	10	超差不得分			
9	倒角	5	超差不得分			

四、任务实施过程

（一）工艺分析与设计

1. 零件分析

该零件为偏心机构中手轮，用于调节偏心机构，材料为冷拉圆钢，零件上有 8 段均匀分布的圆弧，用铣削加工，表面粗糙度值为 Ra3.2μm，精度要求较低，加工时可先车削加工，而后钻螺纹底孔，然后攻丝 M6，最后在铣床上铣削圆弧。

2. 制定加工工艺规程

根据零件分析结果，制定工艺规程如下：

（1）用三爪卡盘直接夹持工件，伸出长度不小于 22mm。

（2）车右端面。

（3）粗、精车 Φ12、Φ25 台阶轴并倒角 0.5×45°、1×45°。

（4）钻螺纹底孔 Φ5.5。

（5）攻丝 M6。

（6）数控铣床上铣削圆弧面。

（7）核对尺寸，送检。

3. 选择刀具

粗、精加工采用同一把刀具，选择90°外圆车刀粗、精加工端面和外圆，选用 Φ5.5 钻头钻螺纹底孔，M6 丝攻一把，Φ12 铣刀一把。

（二）零件加工

按工艺规程要求加工零件。

学习任务七　加工连接轴

一、学习目标

1. 掌握阶梯轴、螺纹杆的加工技术。

2. 掌握阶梯轴、螺纹杆的尺寸测量技术。

二、工作任务

按图 9-9 要求加工连接轴。毛坯：$\Phi25$ 冷拉圆钢，该零件为偏心机构中的连接轴，用于连接手轮和滑座。

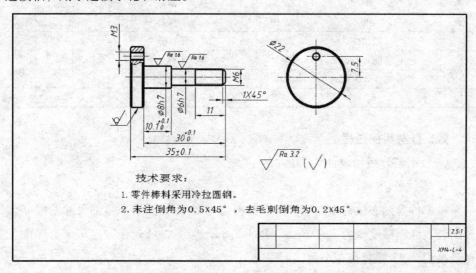

技术要求：

1. 零件棒料采用冷拉圆钢。

2. 未注倒角为0.5x45°，去毛刺倒角为0.2x45°。

图 9-9　连接轴零件图

三、评分标准

连接轴评分标准见表 9-7。

表 9-7　连接轴评分标准

一、实习规范

序号	检测项目	配分	评分标准	学生自评	小组互评	教师评价
1	工、量具摆放	3				
2	实习态度	5				
3	实习速度	2				
4	安全文明生产	10				

二、加工结果

序号	检测项目	配分	评分标准	学生自评	小组互评	教师评价
1	$\Phi8H7$	10	超差不得分			

续表

二、加工结果

序号	检测项目	配分	评分标准	学生自评	小组互评	教师评价
2	$\Phi6h7$	10	超差不得分			
3	$\Phi22$	5	超差不得分			
4	$10.1 +_{0}^{0.1}$	10	超差不得分			
5	$30 +_{0}^{0.1}$	10	超差不得分			
6	35 ± 0.1	10	超差不得分			
7	M3	5	超差不得分			
8	M6	10	超差不得分			
9	22、11	3	超差不得分			
10	粗糙度 Ra1.6μm	3	超差不得分			
11	粗糙度 Ra3.2μm	2	超差不得分			
12	倒角	2				

四、任务实施过程

(一)工艺分析与设计

1. 零件分析

该零件为偏心机构中的连接杆,材料为 $\Phi25$ 冷拉圆钢,零件尺寸精度要求较高,表面粗糙度值为 Ra1.6μm、Ra3.2μm,加工时可先在数控车床上完成大部分结构,M3 螺纹孔在小台钻上完成。

2. 制定加工工艺规程

根据零件分析结果,制定工艺规程如下:

(1)用三爪卡盘直接夹持工件,伸出长度不小于 40mm。

(2)车右端面。

(3)粗、精车阶梯轴并倒角。

(4)车 M6 螺纹轴。

(5)保证总长 35mm 切断。

(6)在小台钻上钻 M3 螺纹底孔。

(7)用 M3 攻丝。

(8)核对尺寸,送检。

3. 选择刀具

粗、精加工采用同一把刀具,选择90°外圆车刀粗、精加工端面和外圆,选用 M6 螺纹刀加工螺杆,选用 M3 攻丝。

（二）零件加工

按工艺规程要求加工零件。

五、知识链接——螺纹轴的加工

在精加工 Φ6H7 保证的前提下，车 M6 螺纹轴。查手册得螺距，经公式 $d_{计}$ $= d - 0.1P$ 计算得螺纹轴加工前精加工要保证的尺寸，然后车 M6 螺纹。

学习任务八　加工过渡轮

一、学习目标

1. 掌握均布孔的加工技术。

2. 掌握均布孔的尺寸测量技术。

二、工作任务

按图 9-10 要求加工过渡轮。毛坯：Φ45 冷拉圆钢，该零件为偏心机构中的过渡轮，装配在手轮和连接轴之间，起过渡作用。

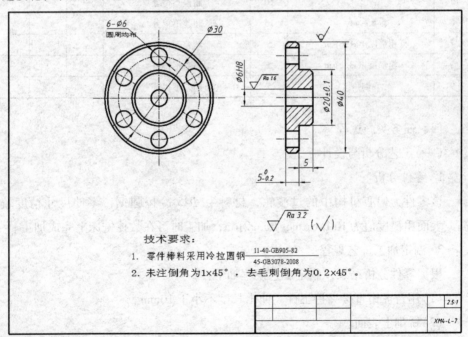

图 9-10　过渡轮零件图

三、评分标准

过渡轮评分标准见表 9-8。

表 9-8 过渡轮评分标准

一、实习规范

序号	检测项目	配分	评分标准	学生自评	小组互评	教师评价
1	工、量具摆放	3				
2	实习态度	5				
3	实习速度	2				
4	安全文明生产	10				

二、加工结果

序号	检测项目	配分	评分标准	学生自评	小组互评	教师评价
1	$\Phi 40$	10	超差不得分			
2	$\Phi 20 \pm 0.1$	10	超差不得分			
3	$\Phi 6H8$	10	超差不得分			
4	$5 - _{0.2}^{0}$	10	超差不得分			
5	5	10	超差不得分			
6	$6 - \Phi 6$	15	超差不得分			
7	粗糙度 Ra1.6μm	5	超差不得分			
8	粗糙度 Ra3.2μm	5	超差不得分			
9	倒角	5	超差不得分			

四、任务实施过程

（一）工艺分析与设计

1. 零件分析

该零件为偏心机构中的过渡轮，材料为 $\Phi 45$ 冷拉圆钢，零件尺寸精度较高，表面粗糙度值为 Ra1.6μm、Ra3.2μm，加工时可在数控铣床上完成加工。

2. 制定加工工艺规程

根据零件分析结果，制定工艺规程如下：

（1）用台虎钳直接夹持工件，伸出长度不小于 10mm。

（2）铣削上表面。

（3）粗、精铣削 $\Phi 20$ 外圆，保证高度 5mm，并倒角。

（4）调头铣削表面。

（5）粗、精铣削 $\Phi 40$ 的外圆，保证高度 5mm，并倒角。

（6）钻 $\Phi 6H8$ 的底孔。

（7）钻均布 6 – $\Phi6$ 底孔。

（8）用 $\Phi6$ 铰刀铰孔。

（9）核对尺寸，送检。

3. 选择刀具

$\Phi40$ 面铣刀一把，粗、精外圆铣刀 $\Phi20$ 各一把，$\Phi5.5$ 钻头一把，$\Phi6$ 铰刀一把。

（二）零件加工

按工艺规程要求加工零件。

五、知识链接

（一）装配工艺规程的作用

按规定的技术要求，将若干工件结合成部件或若干个工件、部件装成一个机械的工艺过程称为装配。

装配工艺规程是指导各种装配施工的主要技术文件之一。它规定产品及部件的装配顺序、装配方法、装配技术要求、检验方法及装配所需设备、工具、时间定额等，是提高装配质量和效率的必要措施，也是组织生产的重要依据。

1. 装配工艺规程的制定原则

（1）保证产品装配的质量。

（2）装配场地的生产面积应较小。

（3）合理安排装配工序，尽量减少装配工作量，减轻劳动强度，提高装配效率，缩短装配周期。

2. 装配工艺的原始资料

（1）产品的总装图和部件装配图以及工件明细表等。

（2）产品的验收技术条件，包括试验工作的内容及方法。

（3）产品生产规模。

（4）现有的工艺设备、工人技术水平等。

3. 制定装配工艺规程的方法和步骤

（1）产品分析

①研究产品装配图及装配技术要求。

②对产品进行结构尺寸分析，确定达到装配精度的方法。

③对产品结构进行工艺性分析，将产品分解成可独立装配的组件和分组件。

（2）装配组织形式

①依据产品结构特点和生产批量，选择适当的装配组织形式。

②确定总装及部装的划分，装配工序是集中还是分散。

③产品装配运输方式及工作场地准备等。

（3）装配顺序

①选择装配基准件。

②按先下后上，先内后外，先难后易，先精密后一般，先重后轻的规律确定其他工件的装配顺序。

（4）装配工序

①将装配工艺过程划分为若干工序。

②确定各个工序的工作内容、所需的设备、工夹具及工时定额等。

（5）制定装配工艺卡片

①单件小批生产，不需制定工艺卡片，工人按照装配图和装配单元系统图进行装配。

②成批生产，应根据装配系统图分别制定总装和部装的装配工艺卡片。

③大批量生产则需一序一卡。

（二）装配工艺过程

装配工艺过程包括装配、调整、检测和试验等工作，其工作量在机械制造总工作量中所占的比重较大。产品的结构越复杂，精度与其他技术条件要求越高，装配工艺过程也就越复杂。

产品的装配工艺过程由以下 4 部分组成。

1. 准备工作

（1）研究、熟悉产品装配图、工艺文件和技术要求，了解产品的结构、工件的作用以及相互连接关系。

（2）确定装配的方法、顺序和准备所需要的工具。

（3）对装配的工件进行清理、清洗，去掉工件上的毛刺、铁锈、切屑、油污。

（4）对某些工件还需进行锉削、刮削等修配工作，有些特殊要求的工件还要进行平衡试验、密封性试验等。

2. 装配工作

对于结构复杂的产品，其装配工作常分为部装和总装。

（1）部装。部装是把各个工件组合成一个完整的或不完整的机构的过程。

（2）总装。总装指将工件和部件结合成一台完整产品的过程。

3. 调整、精度检验和试车

（1）调整是指调节工件或机构的相互位置、配合间隙、结构松紧等，目的是使机构或机器工作协调。如轴承间隙、齿轮啮合的相对位置、摩擦离合器松紧的调整。

（2）精度检验包括工作精度检验和几何精度检验。

（3）试车是机器装配后，按设计要求进行的运转试验。它包括运转的灵活性、振动、密封性、噪声、转速、功率、工作时温升等。

4. 涂装、涂油、装箱

机器装配之后，为了使其美观、防锈和便于运输，还要做好涂装、涂油和装箱工作。

（三）装配工作的组织形式

装配工作的组织形式随着生产类型和产品复杂程度而不同，一般分为固定式装配和移动式装配两种。

1. 固定式装配

固定式装配是将产品或部件的全部装配工作安排在一个固定的工作地点进行，在装配过程中产品的位置不变，主要应用于单件生产或小批量生产中。

（1）单件生产时，产品的全部装配工作均在某一固定地点，由一个工人或一组工人去完成。这样的组织形式装配周期长，占地面积大，并要求工人具有综合的技能。

（2）成批生产时，装配工作通常分为部装和总装，每个部件由一个工人或一组工人来完成，然后进行总装配，一般应用于较复杂的产品。

2. 移动式装配

移动式装配是指产品在装配过程中，有顺序地由一个位置转移到另一个位置。这种转移可以是装配产品的移动，也可以是工作位置的移动。通常把这种装配组织形式叫流水装配法。

移动装配时，每个工作地点重复地完成固定的工作内容，并且使用专用设备和专用工具，因而装配质量好，生产效率高，生产成本降低，适用于大批量生产。

学习情境十　杠杆机构制作

◆项目描述

杠杆机构是机械传动机构中常见的一种机构，该机构是以车、钳制作为主体的装配体，主要由底板、支撑板、滑块、滑块导轨、左盖板、右盖板、偏心轮、旋转手轮、杠杆等零件装配而成（加零件如图10-1，实物如图10-2）。通过

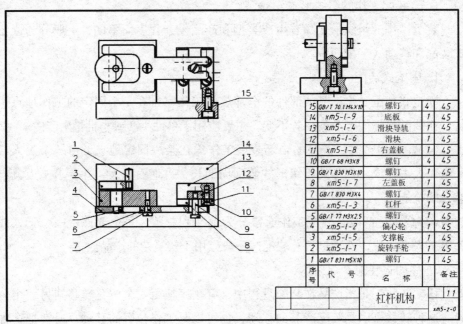

15	GB/T 70.1 M4×10	螺钉	4	45
14	xm5-1-9	底板	1	45
13	xm5-1-4	滑块导轨	1	45
12	xm5-1-6	滑块	1	45
11	xm5-1-8	右盖板	1	45
10	GB/T 68 M3×8	螺钉	4	45
9	GB/T 830 M3×10	螺钉	1	45
8	xm5-1-7	左盖板	1	45
7	GB/T 830 M3×4	螺钉	1	45
6	xm5-1-3	杠杆	1	45
5	GB/T 77 M3×2.5	螺钉	1	45
4	xm5-1-2	偏心轮	1	45
3	xm5-1-5	支撑板	1	45
2	xm5-1-1	旋转手轮	1	45
1	GB/T 831 M5×10	螺钉	1	45
序号	代　号	名　称		备注

杠杆机构　11

xm5-2-0

图10-1　杠杆机构零件图

该项目的学习，主要让学生了解金属零件的基本特点和手工制作方法，掌握钳工知识和锯削、锉削、钻削、攻丝等基本操作技能，获得良好的手工操作肢体感觉，培养踏实、专注、严谨的工作作风。

项目能力目标

1. 熟练掌握零件的锯削、锉削、钻孔、绞孔、攻螺纹等基本技能。

图10-2　杠杆机构实物图

160

2. 了解车工，车削外圆的方法。

3. 学会简单机构的装配方法。

学习任务一　加工底板

一、学习目标

1. 熟练掌握零件的锯削、锉削等技能。

2. 掌握孔的加工方法，以及如何保证装配尺寸。

二、工作任务

按图 10-3 要求加工底板（实物见图 10-4）。毛坯：82mm×42mm×10mm 的 45 钢板件，该零件为杠杆机构的底板，用于支撑杠杆机构的其他零件。

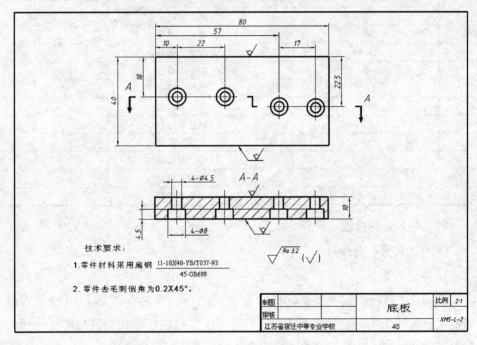

图 10-3　零件图

图 10-4　实物图

三、评分标准

底板评分标准见表 10-1。

表 10-1 底板评分标准

一、实习规范

序号	检测项目	配分	评分标准	学生自评	小组互评	教师评价
1	工、量具摆放	3				
2	实习态度	5				
3	实习速度	2				
4	安全文明生产	10				

二、加工结果

序号	检测项目	配分	评分标准	学生自评	小组互评	教师评价
1	40	2	超差不得分			
2	80	2	超差不得分			
3	$4 - \Phi 8$	8	超差不得分			
4	$4 - \Phi 4.5$	8	超差不得分			
5	22.5	10	超差不得分			
6	10	10	超差不得分			
7	22	10	超差不得分			
8	57	10	超差不得分			
9	17	10	超差不得分			
10	4.5	5	超差不得分			
11	倒角	5	超差不得分			

四、任务实施过程

(一)工艺分析与设计

1. 零件分析

该零件为杠杆机构的底板,材料为 45 钢,零件尺寸精度达 IT10 级,表面粗糙度值为 Ra3.2μm,精度要求,零件是用于支撑杠杆机构的其他零件,加工时除简单的锯削、锉削外还有 4 个用来装配、定位沉孔的加工。

2. 制定加工工艺规程

根据零件分析结果,制定工艺规程如下:

(1)下料:82mm×42mm×10mm 的 45 钢板件。

(2)锉削长方体尺寸至 80mm×40mm×10mm。

(3)钻 4 个 $\Phi 4.5$ 的小孔。

(4)钻 4 个 $\Phi 8$ 的大孔,保证其孔深为 5.5mm。

（5）倒锐角，去除毛刺。

（6）核对尺寸，送检。

3. 选择刀具

（1）选择可调节锯弓、中齿锯条下料。

（2）选择中齿锉刀锉削长方体表面。

（3）选择 $\Phi 4.5$、$\Phi 8$ 的钻头钻孔。

（二）零件加工

按工艺规程要求加工零件。

学习任务二　加工支撑板

一、学习目标

1. 熟练掌握零件的锯削、锉削等技能。

2. 掌握铰制孔的加工方法以及如何保证装配尺寸。

二、工作任务

按图 10-5 要求加工支撑板（实物见图 10-6）。毛坯：42mm×40mm×10mm 的 45 钢板件，该零件为杠杆机构的支撑板，用于支撑杠杆机构的手轮及偏心轮。

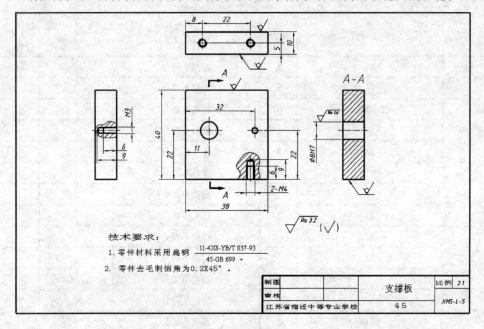

图 10-5　支撑板零件图

图 10-6　支撑板实物图

三、评分标准

底板评分标准见表 10-2。

表 10-2　底板评分标准

一、实习规范

序号	检测项目	配分	评分标准	学生自评	小组互评	教师评价
1	工、量具摆放	3				
2	实习态度	5				
3	实习速度	2				
4	安全文明生产	10				

二、加工结果

序号	检测项目	配分	评分标准	学生自评	小组互评	教师评价
1	40	5	超差不得分			
2	38	5	超差不得分			
3	2 – M4	10	超差不得分			
	8	5	超差不得分			
	22	5	超差不得分			
4	$\Phi 8H7$	10	超差不得分			
	11	5	超差不得分			
	22	5	超差不得分			
5	M3	10	超差不得分			
	22	5	超差不得分			
	5	5	超差不得分			
6	6	5	超差不得分			
7	倒角	5	超差不得分			

四、任务实施过程

（一）工艺分析与设计

1. 零件分析

该零件为杠杆机构的底板，材料为 45 钢，零件尺寸精度达 IT10 级，表面粗糙度值为 Ra3.2μm，零件是用于支撑杠杆机构的手轮及偏心轮，加工时除简单的锯削、锉削、钻孔外，还有铰孔。

2. 制定加工工艺规程

根据零件分析结果，制定工艺规程如下：

（1）下料：42mm×40mm×10mm 的 45 钢板件。

（2）锉削长方体尺寸至 40mm×38mm×10mm。

（3）钻 Φ2.8 的孔。

（4）钻 2 个 Φ3.8 的孔。

（5）将 Φ2.8 的孔铰至 M3。

（6）将 Φ3.8 的孔铰至 M4。

（7）倒锐角，去除毛刺。

（8）核对尺寸，送检。

3. 选择刀具

（1）选择可调节锯弓、中齿锯条下料。

（2）选择中齿锉刀锉削长方体表面。

（3）选择 Φ2.8、Φ3.8 的钻头钻孔。

（4）选择 M3、M4 的铰刀进行铰孔。

（二）零件加工

按工艺规程要求加工零件。

学习任务三　加工滑块

一、学习目标

1. 熟练掌握零件的锯削、锉削等技能。

2. 掌握铰制孔的加工方法以及如何保证装配尺寸。

二、工作任务

按图 10-7 要求加工滑块（实物见图 10-8）。毛坯：14mm×7mm×10mm 的 45 钢板件，该零件为杠杆机构的支撑板，其主要是在偏心手轮的带动下，沿滑块导轨做上下滑动。

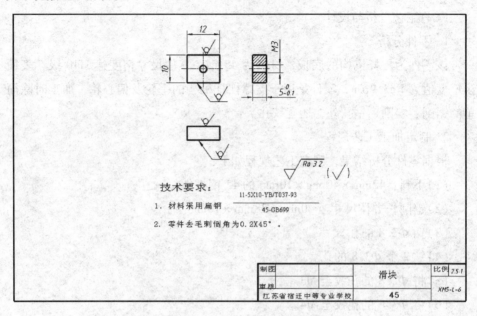

技术要求：

1. 材料采用扁钢 $\dfrac{11\text{-}5\times10\text{-}YB/T037\text{-}93}{45\text{-}GB699}$

2. 零件去毛刺倒角为0.2X45°。

制图			滑块	比例 2.5:1
审核				XM5-L-6
江苏省宿迁中等专业学校			45	

图 10-7　零件图

图 10-8　实物图

三、评分标准

滑块评分标准见表10-3。

表 10-3　滑块评分标准

一、实习规范

序号	检测项目	配分	评分标准	学生自评	小组互评	教师评价
1	工、量具摆放	3				
2	实习态度	5				
3	实习速度	2				
4	安全文明生产	10				

续表

二、加工结果

序号	检测项目	配分	评分标准	学生自评	小组互评	教师评价
1	12	20	超差不得分			
2	$5_{-0.1}^{0}$	20	超差不得分			
3	M3	25	超差不得分			
4	倒角	5	超差不得分			
5	粗糙度 Ra6.3μm	10	超差不得分			

四、任务实施过程

（一）工艺分析与设计

1. 零件分析

该零件为杠杆机构的底板，材料为 45 钢，零件尺寸精度达 IT10 级，表面粗糙度值为 Ra3.2μm，零件主要是在偏心手轮的带动下，沿滑块导轨做上下滑动，加工时除简单的锯削、锉削、钻孔外，主要还有对铰孔的强化。

2. 制定加工工艺规程

根据零件分析结果，制定工艺规程如下：

（1）下料：14mm×7mm×10mm 的 45 钢板件。

（2）锉削长方体尺寸至 12mm×7mm×10mm。

（3）钻 $\Phi2.8$ 的孔。

（4）将 $\Phi2.8$ 的孔铰至 M3。

（5）倒锐角，去除毛刺。

（6）核对尺寸，送检。

3. 选择刀具

（1）选择可调节锯弓、中齿锯条下料。

（2）选择中齿锉刀锉削长方体表面。

（3）选择 $\Phi2.8$ 的钻头钻孔。

（4）选择 M3 的铰刀进行铰孔。

（二）零件加工

按工艺规程要求加工零件。

学习任务四　加工滑块导轨

一、学习目标

1. 熟练掌握零件的锯削、锉削等技能。

2. 掌握铰制孔的加工方法以及如何保证装配尺寸。

3. 掌握凹槽件错配的技巧。

二、工作任务

按图 10-9 要求加工滑块导轨（实物见图 10-10）。毛坯：37mm × 26mm × 10mm 的 45 钢板件。该零件为杠杆机构的滑块导轨，固定在地板上，滑块在其导向作用下，做上下滑动。

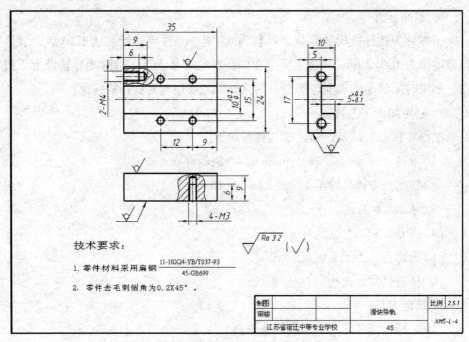

图 10-9　零件图

图 10-10　实物图

三、评分标准

滑块导轨评分标准见表10-4。

表10-4 滑块导轨评分标准

一、实习规范

序号	检测项目	配分	评分标准	学生自评	小组互评	教师评价
1	工、量具摆放	3				
2	实习态度	5				
3	实习速度	2				
4	安全文明生产	10				

二、加工结果

序号	检测项目	配分	评分标准	学生自评	小组互评	教师评价
1	35	5	超差不得分			
	24	5	超差不得分			
2	$10+^{0.2}_{0}$	5	超差不得分			
	$5^{+0.2}_{+0.1}$	5	超差不得分			
3	$4-M3$	5	超差不得分			
	15	5	超差不得分			
	9	5	超差不得分			
	12	5	超差不得分			
4	$2-M4$	5	超差不得分			
	17	5	超差不得分			
	5	5	超差不得分			
5	6	5	超差不得分			
6	9	5	超差不得分			
7	M3	5	超差不得分			
8	倒角	5	超差不得分			
9	粗糙度 Ra6.3μm	5	超差不得分			

四、任务实施过程

(一)工艺分析与设计

1. 零件分析

该零件为杠杆机构的底板，材料为45钢，零件尺寸精度达 IT10 级，表面粗糙度值为 Ra3.2μm，该零件固定在地板上，滑块在其导向作用下，做上下滑动，零件在结构上有凹槽，因此凹槽的加工为该零件的加工重点之一。

2. 制定加工工艺规程

根据零件分析结果，制定工艺规程如下：

（1）下料：37mm×26mm×10mm 的 45 钢板件。

（2）锉削长方体尺寸至 35mm×24mm×10mm。

（3）锯削零件凹槽，尺寸至 11mm×6mm。

（4）锉削零件凹槽，尺寸至 10mm×5mm。

（5）钻 4 个 $\Phi2.8$ 的孔。

（6）将 $\Phi2.8$ 的孔铰至 M3。

（7）钻 2 个 $\Phi3.8$ 的孔。

（8）将 $\Phi3.8$ 的孔铰至 M4。

（9）倒锐角，去除毛刺。

（10）核对尺寸，送检。

3. 选择刀具

（1）选择可调节锯弓、中齿锯条下料。

（2）选择中齿锉刀锉削长方体表面，异形锉刀锉削凹槽。

（3）选择 $\Phi2.8$、$\Phi3.8$ 的钻头钻孔。

（4）选择 M3、M4 的铰刀进行铰孔。

（二）零件加工

按工艺规程要求加工零件。

学习任务五　左、右盖板的加工

一、学习目标

1. 熟练掌握零件的锯削、锉削等技能。

2. 掌握锪孔的加工方法以及如何保证装配尺寸。

二、工作任务

按图 10-11 要求加工左盖板（实物见图 10-12），图 10-13 要求加工右盖板（实物见图 10-14）。毛坯：34mm×10mm×10mm 的 45 钢板件。

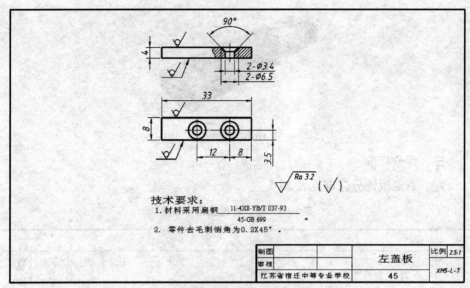

技术要求：
1. 材料采用扁钢 11-4X8-YB/T 037-93
   45-GB 699 。
2. 零件去毛刺倒角为0.2X45°。

制图		左盖板	比例	2.5:1
审核				XM5-L-7
江苏省宿迁中等专业学校			45	

图 10-11 零件图

图 10-12 实物图

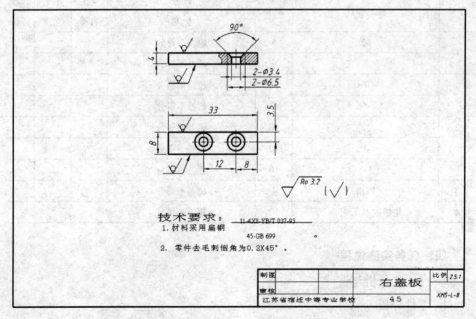

技术要求：
1. 材料采用扁钢 11-4X8-YB/T 037-93
   45-GB 699 。
2. 零件去毛刺倒角为0.2X45°。

制图		右盖板	比例	2.5:1
审核				XM5-L-8
江苏省宿迁中等专业学校			45	

图 10-13 零件图

图 10-14　实物图

三、评分标准

左、右盖板评分标准见表 10-5。

表 10-5　左、右盖板评分标准

一、实习规范						
序号	检测项目	配分	评分 标准	学生 自评	小组 互评	教师 评价
1	工、量具摆放	3				
2	实习态度	5				
3	实习速度	2				
4	安全文明生产	10				

二、加工结果						
序号	检测项目	配分	评分 标准	学生 自评	小组 互评	教师 评价
1	32	6	超差不得分			
	8	6	超差不得分			
2	$2 - \Phi3.4$	12	超差不得分			
	$2 - \Phi6.5$	12	超差不得分			
	12	10	超差不得分			
	8	10	超差不得分			
	3.5	10	超差不得分			
3	倒角	4	超差不得分			
4	粗糙度 Ra6.3μm	10	超差不得分			

四、任务实施过程

（一）工艺分析与设计

1. 零件分析

该零件为杠杆机构的左、右盖板，两零件的结构和尺寸大体相同，不同的只有两沉头孔的位置，因此其加工方法和工艺规程一样。零件材料为 45 钢，尺寸精度达 IT10 级，表面粗糙度值为 Ra3.2μm，该零件为杠杆机构的左、右盖板，将滑块固定在滑块导轨中，使滑块只能做上下移动，其与滑块导轨的一面紧密贴合，精度直接影响到滑块在导轨中是否前后晃动。因此，在加工时主要控制其装配面的精度。

2. 制定加工工艺规程

根据零件分析结果，制定工艺规程如下：

（1）下料：34mm×10mm×10mm 的 45 钢板件。

（2）锉削长方体尺寸至 32mm×8mm×10mm。

（3）钻 2 个 Φ3.4 的小孔。

（4）钻 2 个 Φ6.5 的大孔，保证其孔深为 4mm。

（5）倒锐角，去除毛刺。

（6）核对尺寸，送检。

3. 选择刀具

（1）选择可调节锯弓、中齿锯条下料。

（2）选择中齿锉刀锉削长方体表面。

（3）选择 Φ3.4、Φ6.5 的钻头钻孔。

（二）零件加工

按工艺规程要求加工零件。

学习任务六 加工偏心轮

一、学习目标

1. 简单了解光轴零件外圆的加工方法。

2. 熟练掌握零件的锯削、锉削等技能。

3. 掌握偏心孔的加工方法。

二、工作任务

按图 10-15 要求加工偏心轮（实物见图 10-16）。毛坯：Φ20×6 的 45 钢圆棒料，该零件为杠杆机构的偏心轮，其精度直接影响机构的运动精度。

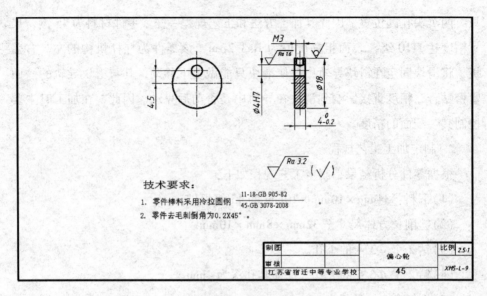

技术要求：

1. 零件棒料采用冷拉圆钢 $\dfrac{11\text{-}18\text{-}GB\ 905\text{-}82}{45\text{-}GB\ 3078\text{-}2008}$ 。
2. 零件去毛制倒角为0.2X45°。

制图			偏心轮	比例	2.5:1
审核					XM5-L-9
江苏省宿迁中等专业学校			45		

图 10-15　零件图

图 10-16　实物图

三、评分标准

偏心轮评分标准见表10-6。

表 10-6　偏心轮评分标准

一、实习规范

序号	检测项目	配分	评分标准	学生自评	小组互评	教师评价
1	工、量具摆放	3				
2	实习态度	5				
3	实习速度	2				
4	安全文明生产	10				

二、加工结果

序号	检测项目	配分	评分标准	学生自评	小组互评	教师评价
1	$\Phi18$	10	超差不得分			
	$4-_{0.2}^{0}$	10	超差不得分			

二、加工结果

序号	检测项目	配分	评分标准	学生自评	小组互评	教师评价
2	Φ4H7	15	超差不得分			
	4.5	15	超差不得分			
	M3	15	超差不得分			
3	倒角	5	超差不得分			
4	粗糙度 Ra6.3μm	10	超差不得分			

四、任务实施过程

（一）工艺分析与设计

1. 零件分析

该零件为杠杆机构的偏心轮，材料为 45 钢，零件尺寸精度达 IT10 级，表面粗糙度值为 Ra3.2μm，该零件为车钳工综合件，外圆需要车工加工，偏心孔和绞孔属于钳工任务，且偏心孔的位置非常重要。

2. 制定加工工艺规程

根据零件分析结果，制定工艺规程如下：

（1）下料：Φ20×6 的 45 钢圆棒料。

（2）车工车削外圆直径至 Φ18，并截取其长度为 4mm。

（3）钻 Φ4H7 的偏心孔。

（4）钻 Φ2.8 的孔。

（5）将 Φ2.8 的孔铰至 M3。

（6）倒锐角，去除毛刺。

（7）核对尺寸，送检。

3. 选择刀具

（1）选择 45°和 90°车刀，车端面、车外圆。

（2）选择车床切断刀切断。

（3）选择 Φ2.8、Φ4 的钻头钻孔。

（4）选择 M3 的铰刀进行铰孔。

（二）零件加工

按工艺规程要求加工零件。

五、知识链接——45°和90°外圆车刀的安装和使用

1. 45°外圆车刀的使用

45°车刀有两个刀尖，前端刀尖通常用于车削工件的外圆。左侧刀尖通常用来车削平面。主、副切削刃在需要的时候可用来左右倒角。

车刀安装时，左侧的刀尖必须严格对准工件的旋转中心。否则在车削平面至中心时会留有凸头或造成车刀刀尖碎裂，刀头伸出的长度约为刀杆厚度的1~1.5倍，伸出过长，刚性变差，车削时容易引起振动。

90°车刀又称偏刀，按进给方向分右偏刀和左偏刀，下面主要介绍常用的右偏刀。右偏刀一般用来车削工件的外圆、端面和右向台阶，因为它的主偏角较大，车削外圆时，用于工件的半径方向上的径向切削力较小，不易将工件顶弯。

车刀安装时，应使刀尖对准工件中心，主切削刃与工件中心线垂直。如果主切削刃与工件中心线不垂直，将会导致车刀的工作角度发生变化，主要影响车刀主偏角和副偏角。

右偏刀也可以用来车削平面，但因车削使用副切削刃切削。如果由工件外缘向工件中心进给，当切削深度较大时，切削力会使车刀扎入工件，而形成凹面，为了防止产生凹面，可改由中心向外进给，用主切削刃切削，但切削深度较小。

2. 铸件毛坯的装夹和找正

工件的装夹要选择铸件毛坯平直的表面进行装夹。以确保装夹牢靠，找正外圆时一般要求不高，只要保证能车削至图样尺寸，以及未加工表面余量均匀即可，如果发现工件截面呈扁形，应以直径小的相对两点为基准进行找正。

3. 粗、精车的概念

车削工件，一般分为粗车和精车。

（1）粗车。在车床动力条件允许的情况下，通常采用进刀深、进给量大、低转速的做法，以合理的时间尽快地把工件的余量去掉，因为粗车对切削表面没有严格的要求，只需留出一定的精车余量即可。由于粗车切削力较大，工件必须装夹牢靠。粗车的另一作用是可以及时的发现毛坯材料内部的缺陷、如夹渣、砂眼、裂纹等，也能消除毛坯工件内部残存的应力和防止热变形。

（2）精车。精车是车削的末道工序，为了使工件获得准确的尺寸和规定的表面粗糙度，操作者在精车时，通常把车刀修磨的锋利些，车床的转速高一些，进给量选的小一些。

4. 手动进给车削外圆、平面和倒角

（1）车平面的方法。开动车床使工件旋转，移动小滑板或床鞍控制进刀深度，然后锁紧床鞍，摇动中滑板丝杠进给，由工件外向中心或由工件中心向外进给车削。

（2）车外圆的方法

①移动床鞍至工件的右端，用中滑板控制进刀深度，摇动小滑板丝杠或床鞍纵向移动车削外圆，一次进给完毕，横向退刀，再纵向移动刀架或床鞍至工件右端，进行第二、第三次进给车削，直至符合图样要求为止。

②在车削外圆时，通常要进行试切削和时测量。其具体方法是：根据工件直径余量的 1/2 作横向进刀，当车刀在纵向外圆上进给 2mm 左右时，纵向快速退刀，然后停车测量（注意横向不要退刀）。然后停车测量，如果已经符合尺寸要求，就可以直接纵向进给进行车削，否则可按上述方法继续进行试切削和试测量，直至达到要求为止。

③为了确保外圆的车削长度，通常先采用刻线痕法，后采用测量法进行，即在车削前根据需要的长度，用钢直尺、样板或卡尺及车刀刀尖在工件的表面刻一条线痕。然后根据线痕进行车削，当车削完毕，再用钢直尺或其他工具复测。

（3）倒角。当平面、外圆车削完毕，移动刀架、使车刀的切削刃与工件的外圆成 45° 夹角，移动床鞍至工件的外圆和平面相交处进行倒角，所谓 $1 \times 45°$ 是指倒角在外圆上的轴向距离为 1mm。

5. 刻度盘的计算和应用

在车削工件时，为了正确和迅速的掌握进刀深度，通常利用中滑板或小滑板上刻度盘进行操作。

中滑板的刻度盘装在横向进给的丝杠上，当摇动横向进给丝杠转一圈时，刻度盘也转了一周，这时固定在中滑板上的螺母就带动中滑板车刀移动一个导程。如果横向进给丝杠导程为 5mm，刻度盘分 100 格，当摇动进给丝杠转动一周时，中滑板就移动 5mm，当刻度盘转过一格时，中滑板移动量为 5/100 = 0.05mm。使用刻度盘时，由于螺杆和螺母之间配合往往存在间隙，因此会产生空行程（即刻度盘转动而滑板未移动）。所以使用刻度盘进给过深时，必须向相反方向退回全部空行程，然后再转到需要的格数，而不能直接退回到需要的格数。但必须注意、中滑板刻度的刀量应是工件余量的 1/2。

学习任务七　加工旋转手轮

一、学习目标

1. 简单了解阶梯轴零件的加工方法。

2. 熟练掌握零件的锯削、锉削等技能。

3. 掌握铰制孔的加工方法以及如何保证装配尺寸。

二、工作任务

按图 10-17 要求加工旋转手轮（实物见图 10-18）。毛坯：$\Phi 25 \times 23$ 的 45 钢圆棒料，该零件为杠杆机构的旋转手轮，其为整个机构的动力部分。

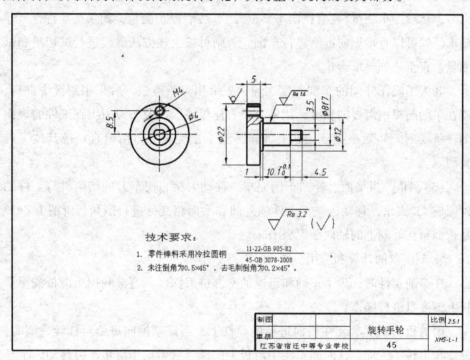

图 10-17　旋转手轮零件图

图 10-18　旋转手轮实物图

三、评分标准

旋转手轮评分标准见表 10-7。

表 10-7 旋转手轮评分标准

一、实习规范

序号	检测项目	配分	评分标准	学生自评	小组互评	教师评价
1	工、量具摆放	3				
2	实习态度	5				
3	实习速度	2				
4	安全文明生产	10				

二、加工结果

序号	检测项目	配分	评分标准	学生自评	小组互评	教师评价
1	$\Phi22$	5	超差不得分			
	5	8	超差不得分			
2	$\Phi12$	5	超差不得分			
	1	8	超差不得分			
3	$\Phi8f7$	10	超差不得分			
	$10 -_{0.1}^{0}$	10	超差不得分			
4	$\Phi4$	5	超差不得分			
5	4.5	8	超差不得分			
6	M4	5	超差不得分			
7	8.5	5	超差不得分			
8	倒角	6	超差不得分			
9	粗糙度 Ra6.3μm	5	超差不得分			

四、任务实施过程

（一）工艺分析与设计

1. 零件分析

该零件为杠杆机构的旋转手轮，材料为 45 钢，零件尺寸精度达 IT10 级，表面粗糙度值为 Ra3.2μm，该零件虽为整个机构的动力部分，但仍然是车钳工综合件，且外圆为阶梯轴，阶梯轴最小直径部分为不完整圆柱。

2. 制定加工工艺规程

根据零件分析结果，制定工艺规程如下：

（1）下料：$\Phi25 \times 23$ 的 45 钢圆棒料。

（2）用卡盘夹住工件外圆长 28mm 左右，找正夹紧。

（3）粗车平面及外圆 $\Phi22.5$、$\Phi12.5$、$\Phi8.5$、$\Phi4.5$、长 20.5mm、15.5mm、14.5mm、4.5mm（留精车余量）。

（4）精车平面及外圆 $\Phi22$、$\Phi12$、$\Phi8$、$\Phi4$、长 20.5mm、15.5mm、14.5mm、4.5mm，倒角 $1 \times 45°$。

（5）检查卸车。

（6）钻 $\Phi2.8$ 的孔。

（7）将 $\Phi2.8$ 的孔铰至 M3。

（8）核对尺寸，送检。

3. 选择刀具

（1）选择 45°和 90°车刀，车端面、车外圆。

（2）选择车床切断刀切断。

（3）选择 $\Phi2.8$ 的钻头钻孔。

（4）选择 M3 的铰刀进行铰孔。

（二）零件加工

按工艺规程要求加工零件。

五、知识链接

（一）车削阶梯轴

在同一工件上有几个直径大小不同的圆柱体连接在一起像台阶一样，就称它为台阶工件，俗称台阶为"肩胛"。台阶工件的车削，实际上就是外圆和平面车削的组合，因此在车削时必须注意兼顾外圆的尺寸精度和台阶长度的要求。

1. 台阶工件的技术要求

台阶工件通常和其他零件结合使用，因此它的技术要求一般有以下几点：

（1）各档外圆之间的同轴度。

（2）外圆和台阶平面的垂直度。

（3）台阶平面的平面度。

（4）外圆和台阶平面相交处的清角。

2. 车刀的选择和装夹

车削台阶工件，通常使用 90°外圆车刀。

车刀的装夹应根据粗、精车和余量的多少来区别，如粗车时余量多，为了增加切削深度，减少刀尖压力，车刀装夹可取主偏角小于 90°为宜。精车时为了保证台阶平面和轴心线的垂直，应取主偏角大于90°。

3. 车削台阶工件的方法

车削台阶工件时，一般分粗精车进行，粗车时的台阶长度除第一档台阶长度略短些外（留精车余量）其余各档可车至长度，精车台阶工件时，通常在机动进给精车至近台阶处时，以手动进给代替机动进给，当车至台阶平面时，然后变纵向进给为横向进给，移动中滑板由里向外慢慢精车台阶平面。以确保台阶平面和轴心线的垂直。

4. 阶长度的测量和控制方法

车削前根据台阶的长度先用刀尖在工件表面刻线痕，然后根据线痕进行粗车。当粗车完毕后，台阶长度已经基本符合要求，在精车外圆的同时，一起控制台阶长度，其测量方法通常用钢直尺检查，如精度较高时，可用样板，游标深度尺等测量。

5. 工件的调头找正和车削

根据习惯的找正方法，应先找正近卡爪处工件外圆，后找正台阶处反平面，这样反复多次找正才能进行切削，当粗车完毕时，宜再进行一次复查，以防粗车时发生移位。

（二）容易产生的问题和注意事项

1. 台阶平面和外圆相交处要清角，防止产生凹坑和出现小台阶。

2. 台阶平面出现凹凸，其原因可能是车刀没有从里到外横向进给或车刀装夹主偏角小于90°，其次与刀架、车刀、滑板等发生位移有关。

3. 多台阶工件长度的测量，应从一个基面测量，以防积累误差。

4. 平面与外圆相交处出现较大的圆弧，原因是刀尖圆弧较大或刀尖磨损。

学习任务八　加工杠杆

一、学习目标

1. 简单了解阶梯轴零件的加工方法。

2. 熟练掌握零件的锯削、锉削等技能。

3. 掌握铰制孔的加工方法以及如何保证装配尺寸。

二、工作任务

按图10-19要求加工杠杆（实物见图10-20）。毛坯：72mm×32mm×6mm的45钢板，该零件为杠杆机构的旋转手轮，其为整个机构的核心部分。

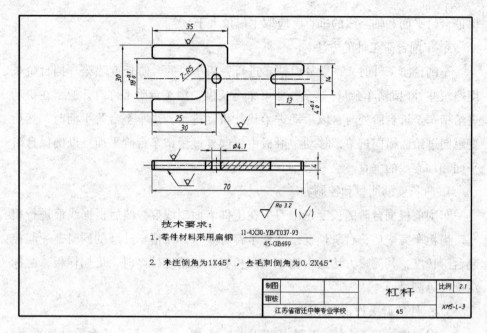

技术要求：

1. 零件材料采用扁钢 $\dfrac{11\text{-}4\times30\text{-}YB/T037\text{-}93}{45\text{-}GB699}$

2. 未注倒角为1×45°，去毛刺倒角为0.2×45°。

制图		杠杆	比例	2:1
审核				XM5-L-3
江苏省宿迁中等专业学校			45	

图 10-19　杠杆零件图

图 10-20　杠杆实物图

三、评分标准

杠杆评分标准见表10-8。

表 10-8　杠杆评分标准

一、实习规范

序号	检测项目	配分	评分标准	学生自评	小组互评	教师评价
1	工、量具摆放	3				
2	实习态度	5				
3	实习速度	2				
4	安全文明生产	10				

二、加工结果

序号	检测项目	配分	评分标准	学生自评	小组互评	教师评价
1	70	10	超差不得分			

续表

二、加工结果

序号	检测项目	配分	评分标准	学生自评	小组互评	教师评价
2	18	10	超差不得分			
	25	10	超差不得分			
3	Φ1.5	10	超差不得分			
4	Φ4	10	超差不得分			
5	4	10	超差不得分			
	13	10	超差不得分			
6	倒角	5	超差不得分			
7	粗糙度 Ra6.3μm	5	超差不得分			

四、任务实施过程

（一）工艺分析与设计

1. 零件分析

该零件为杠杆机构的杠杆，材料为 45 钢，零件尺寸精度达 IT10 级，表面粗糙度值为 Ra3.2μm，该零件为整个机构的核心部分，且材料为薄板件。

2. 制定加工工艺规程

根据零件分析结果，制定工艺规程如下：

（1）下料，保证长度大于 72mm。

（2）加工工件端面，保证长度大于 70mm。

（3）加工槽，保证槽宽 18mm，长 25mm。

（4）钻 Φ1.5 中心孔，钻 Φ4 通孔。

（5）加工槽，保证槽宽 4mm，长 13mm。

（6）核对尺寸，送检。

3. 选择刀具

（1）选择可调节锯弓、中齿锯条下料。

（2）选择中齿锉刀锉削长方体表面。

（3）选择 Φ1.5、Φ4 的钻头钻孔。

（二）零件加工

按工艺规程要求加工零件。

学习任务九　装　配

一、学习目标

1. 了解零件的装配方法。

2. 熟练掌握杠杆机构的装配。

二、工作任务

按图 10-21 要求装配杠杆机构(实物见图 10-22)。

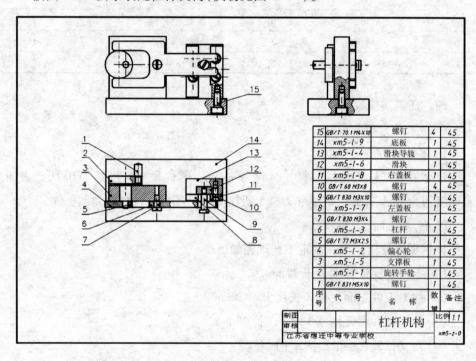

15	GB/T 70.1 M4×10	螺钉	4	45
14	xm5-l-9	底板	1	45
13	xm5-l-4	滑块导轨	1	45
12	xm5-l-6	滑块	1	45
11	xm5-l-8	右盖板	1	45
10	GB/T 68 M3×8	螺钉	4	45
9	GB/T 830 M3×10	螺钉	1	45
8	xm5-l-7	左盖板	1	45
7	GB/T 830 M3×4	螺钉	1	45
6	xm5-l-3	杠杆	1	45
5	GB/T 77 M3×25	螺钉	1	45
4	xm5-l-2	偏心轮	1	45
3	xm5-l-5	支撑板	1	45
2	xm5-l-1	旋转手轮	1	45
1	GB/T 831 M5×10	螺钉	1	45
序号	代　号	名　称	数量	备注

制图		杠杆机构	比例 1:1
审核			
	江苏省宿迁中等专业学校		xm5-z-0

图 10-21　零件图

图 10-22　实物图

三、任务实施过程

（一）工艺分析与设计

1. 零件分析

该机构共由 9 个零件装配而成，首先应识读装配图，了解其工作原理，然后按步骤安装。

2. 制定加工工艺规程

根据零件分析结果，制定工艺规程如下：

（1）将支撑板安装在底板上。

（2）将滑动导轨安装在底板上。

（3）将左、右盖板安装在滑块导轨上。

（4）将手轮和偏心轮安装在支撑板上。

（5）在滑动导轨和左、右盖板中间放入滑块。

（6）最后装上杠杆。

（7）检查，试运动。

（二）零件装配

按工艺规程要求装配零件。

学习情境十一　自行车模型设计与制作

一、学习目标

1. 能设计自行车模型。

2. 能根据设计的模型加工出各零部件。

3. 能装配出自行车。

二、工作任务

通过该项目的学习，主要让学生学会设计，了解金属零件的基本特点和手工制作方法，掌握钳工知识和锯削、锉削、钻削、攻丝等基本操作技能，获得良好的手工操作肢体感觉，培养踏实、专注、严谨的工作作风。

由学习者自行设计自行车模型图并制作实物，完成后持模型图和实物图分别贴入图 11-1 和图 11-2。

图 11-1　自行车模型图（由学习者自行设计）

图 11-2　实物图

3. 评分标准

评分标准见表11-1。

表 11-1 评分标准

一、实习规范

序号	检测项目	配分	评分标准	学生自评	小组互评	教师评价
1						
2						
3						
4						

二、加工结果

序号	检测项目	配分	评分标准	学生自评	小组互评	教师评价
1						
2						
3						
4						
5						
6						
7						
8						
9						
10						
11						

三、资讯

（略）

四、决策

进行学员分组，在教师的提示下，进行零件加工（表11-2）。

表 11-2 任务制定表

序号	小组任务	个人职责（任务）	负责人

五、制订计划

1. 制定加工工艺规程

（略）

2. 选择工量刃具

（略）

六、实施

1. 实践准备

实践准备见表 11-3。

表 11-3　实践准备表

场地准备	工量具准备	资料准备	备注
具有 50 个以上工位的钳工实训室、对应数量的课桌椅、黑板一块			

2. 实施计划任务并完成项目单填写

完成任务，并完成表 11-4 的填写。

表 11-4　任务实施表

步骤	使用的工具	测量方法	备注

七、检查

在完成整个加工任务之后，要对产品进行检验，请将检验过程及结果填写在表 11-5 中。

表 11-5　任务检查表

检验方法：

检查过程：

检查结果：

八、评估与应用

思考：设计制作过程中遇到过哪些问题？如何解决的？将记录内容写入表 11-6 中。

表 11-6　评价记录表

形式：独立思考、总结

时间：10 分钟

记录：